万理●主编
北京医院婴儿室专家、主任医师

科学育儿

每天一课

U0912242

中国人口出版社
China Population Publishing House
全国百佳出版单位

图书在版编目（CIP）数据

科学育儿每天一课/万理主编.—北京:中国人口出版社，2014.5

ISBN 978-7-5101-2515-7

Ⅰ.①科… Ⅱ.①万… Ⅲ.①婴幼儿－哺育－基本知识 Ⅳ.①TS976.31

中国版本图书馆CIP数据核字（2014）第105812号

最科学、最实用的
育儿同步读本

科学育儿每天一课

万理 主编

出版发行	中国人口出版社
印　　刷	北京世汉凌云印刷有限公司
开　　本	710×1020　1/16
印　　张	14
字　　数	140千字
版　　次	2014年11月第1版
印　　次	2014年11月第1次印刷
书　　号	ISBN 978-7-5101-2515-7
定　　价	29.80元
社　　长	陶庆军
网　　址	www.rkcbs.net
电子信箱	rkcbs@126.com
电　　话	(010)83519390
传　　真	(010)83519401
地　　址	北京市西城区广安门南街80号中加大厦
邮　　编	100054

版权所有　侵权必究　质量问题　随时退换

CONTENTS 目录

第1个月　护理新生儿

第2个月　快速成长发育

第3个月　宝宝会抬头了

第4个月　开始添加辅食

第5个月　宝宝会翻身了

第6个月 宝宝乳牙萌出

第7个月 宝宝开始认生

第8个月　爬行开拓新视界

第9个月　努力站起来

第10个月　自我意识萌发

第11个月　站立是独立的开端

第12个月　迈出人生第一步

第1个月
护理新生儿

经过了十个月的盼望与期待，那可爱的粉嘟嘟的小脸映入你的眼帘，无论是男孩还是女孩，你已然顾不上，惊喜的微笑中带着泪花，这是你们的杰作，来自身体与灵魂的结合。

索引 本月内容 分类查阅

第1天

新生儿阿氏评分

新生儿出生后要进行健康评估、打疫苗、筛查等程序。首先要进行的是“新生儿阿氏评分”。阿氏评分是，对描述新生儿基本体征的五项指标给予评分(每项评分为0、1、2分)，再把五项分数相加，依据总分得出新生儿状况的评价。

五项体征及打分标准

五项体征：心跳、呼吸、肌肉张力、对刺激反应、肤色。其打分标准如下：

1.心跳

摸不到也听不到心跳：0分

心跳少于100次/分钟：1分

心跳超过100次/分钟：2分

2.呼吸

出生后60秒钟无呼吸：0分

出生后呼吸慢、弱、不规律：1分

出生后呼吸良好、哭声响亮：2分

3.肌肉张力

四肢肌肉完全松弛：0分

四肢略微呈屈曲状：1分

四肢活动有力：2分

4.对刺激反应

通常在吸净咽部黏液后，弹小儿足底或用导管插入鼻孔时：

毫无反应：0分

面部稍有活动，如皱额等：1分

反应好，小儿哭闹声响、打喷嚏或咳嗽：2分

5.肤色

全身青紫或苍白：0分

躯干红而四肢青紫：1分

全身皮肤颜色红润：2分

具体作法

新生儿出生后1分钟、5分钟及10分钟，各评分1次。

评判标准

0～3分：严重窒息；4～7分：中度窒息，但心率正常；8～10分：正常新生儿。

其实分数只是给医生的参考,提醒哪些宝宝需要特殊护理。评分并非宝宝智力评估，家长不必介意。

体重：________千克　　身长：________厘米

头围：________厘米　　胸围：________厘米

身体情况：

预防接种：接种卡介苗、乙肝疫苗。

第2天 新生儿的特殊生理状态

生理性体重下降

新生儿在出生后2～4天内体重可以下降6%～9%，最多不超过10%，一般在10天左右恢复至出生体重。如果体重下降超过出生体重的10%，同时伴有其他异常表现，或者2周后仍未恢复至出生时的体重，则要考虑可能存在病理因素，应及时找医生诊治。

生理性黄疸

人体血液中一种叫胆红素的物质增高所引起的皮肤、眼睛巩膜的黄染，称作黄疸。

多数新生儿在出生后2～3天，皮肤、口腔黏膜和眼白部分开始出现轻度黄染，而手心和脚心一般没有黄染，新生儿出生后4～6天黄染最重，而后逐渐减轻。足月儿黄染消退需10～14天，早产儿黄染消退需要2～3周，在此期间小儿除黄疸外无其他异常情况，如果查血则血清总胆红素浓度为足月儿不超过205微摩尔/升、早产儿不超过256微摩尔/升，这种现象称为“生理性黄疸”。生理性黄疸不需要治疗，预后良好。

假月经

有些女新生儿在出生后5～7天会出现少量的阴道出血，1～3天后可以自行停止，这是由于孕妈妈妊娠后期雌激素进入胎儿体内。女新生儿出生后激素突然中断而形成的类似月经的出血，一般不用处理，可以自行消失。如果阴道出血很多，则按新生儿出血症处理，应及时就医。

生理性乳腺增大

有些女婴在出生后3～5天会出现乳腺肿胀，甚至可能出现乳汁分泌，这也是雌激素对胎儿的影响引起的。不必处理，大多数可于2～3周内消退，切忌挤压，以免继发感染发生乳腺炎。

第3天 新生儿的先天反射活动

健康的孩子从出世那一刻起，就具有一些暂时的神经反射行为，这些神经反射是新生儿特有的本能，提示着新生儿的机体是否健全、神经系统是否正常。随着新生儿神经系统逐步成熟，这些原始神经反射逐渐被意志控制行为所取代。若新生儿未出现这些反射或这些反射消失过迟，往往提示可能存在神经系统异常。

觅食反射

这是婴儿最原始的本能，如果你用手指轻轻地触摸其脸颊，他就会转向手指的方向并张开嘴巴表现出要吃奶的样子。该反射正常在新生儿出生后3～4个月消失。

吸吮反射

把手指或母亲的乳头放进新生儿口中，不需经过任何人教导，他自然就会含住并规律地吸吮。该反射正常在新生儿出生后4个月消失。

踏步反射

如果你托住新生儿的腋下让他保持直立的姿势，并让他的足部能踏在坚实的表面上，他就会出现走路的姿势。该反射正常在新生儿出生后2个月时消失。

拥抱反射

当你让新生儿头部向后仰时，他的四肢会伸直张开，呈拥抱状姿势。该反射正常一般在新生儿出生后4～5个月消失。

抓握反射

将手指或其他物体碰触新生儿手掌时，他会紧紧抓住不放。该反射正常在新生儿出生后3个月消失。

游泳反射

在新生儿头部放置一个游泳圈，新生儿会在水里做出用脚蹬水游泳的动作。

爬行反射

将新生儿放成俯卧姿势，新生儿很自然地做出爬行姿势。若用手轻推新生儿的脚掌，尽管新生儿的头部还不能离开床面，但会向前爬行几厘米。

亲子小游戏

笑一笑

刚出生的婴儿，只要醒着，妈妈在照顾他时，就应该和他亲切地说话，向他露出微笑，抚摸他，这就是游戏。但新生儿睡眠的时候不要干扰他。

目的：发展感觉。

第4天 尽早让新生儿吸吮母乳

母乳喂养新观点认为新生儿应该早开奶，提倡新生儿出生后半小时，便可由医护人员协助，开始吸吮母亲乳头，最晚也不应超过6小时。

早开奶的好处

1.乳汁分泌是一个神经反射的过程，新生儿强有力地吸吮是对乳房最良好的刺激。开奶越早、喂奶越勤，乳汁分泌就越多。

2.早开奶对婴儿的生长也有着重要的意义。出生后6个小时内开奶的婴儿，其逐月体重增加量明显高于12小时才开奶的婴儿。如果分娩后10分钟便让新生儿吸吮母乳，其母乳喂养时限要比生后4～6小时再喂奶的时限长。

3.早开奶也有利于较快建立母婴感情，有利于产妇恶露排出、子宫复旧等等。

因此，早开奶对母婴均有利。

没有早开奶的危害

新生儿如果不及时补充能量，出生后2～4小时血糖就明显下降，从而可能影响新生儿的智力发育。

早开奶还有助于新生儿排净胎便，这样就不至于因胎便中的胆红素通过肠道黏膜的毛细血管再吸收回血浆中而加重黄疸。甚至从生理性黄疸转为病理性黄疸，影响新生儿智力发育。

现在的产妇，绝大多数都是住院分娩。而且，我国开设“母婴同室”的“爱婴医院”也越来越多，这对于保证早开奶，勤喂奶提供了许多方便。所以，产后半小时，应该争取让新生儿开始吸吮到母亲的乳头。

第5天 初乳对宝宝非常重要

女性产后1～7天内所分泌的乳汁，称为初乳。初乳呈黄白色，稀薄似水样，内含多量的蛋白质和矿物质、乳糖和少量脂肪，最适合新生儿的消化要求，又能增强新生儿的抗病能力。

初乳有如下的优点：

1.根据对女性产后1～16天母乳营养成分分析结果表明，初乳中免疫球蛋白含量很高，尤其是其中的IgA，产后第1天含量最高，产后第3天仅是第1天的1/3，产后第6天是第1天的1/17。它能保护新生儿娇嫩的消化道和呼吸道黏膜，使之不受微生物的侵袭。而这些免疫球蛋白在新生儿体内含量是极低的。如果用母乳进行喂养，可使新生儿在出生后一段时间内具有防感染的能力。就相当于给孩子打一次预防针。

2.初乳中含有中性粒细胞、巨噬细胞和淋巴细胞，它们有直接吞噬微生物异物、参与免疫反应的功能，能增加新生儿的免疫能力。所以，初乳被人们称为第1次免疫，对新生儿的生长发育具有重要意义。

3.初乳有轻泻的作用，它可以使新生儿的胎便尽早排出。因胎便中含有大量胆红素，其中50%能被肠道重吸收，所以初乳能减少高胆红素血症发生的机会。初乳中含有生长因子，促进小肠绒毛成熟，阻止不全蛋白质代谢产物进入血液，防止发生过敏反应。初乳中磷脂、钠、维生素A、维生素E含量也高。

可见，初乳是新生儿最理想的营养食品，所以，应该让新生儿吸吮初乳，不宜把初乳弃掉。

亲子小游戏

听妈妈说话

喂奶是妈妈与婴儿沟通的最好时机，妈妈要一边喂奶一边与孩子说话，孩子饿了，吃奶时非常高兴，再听妈妈的话音，自然是很喜欢的了。这对婴儿摆脱在新环境中产生的孤独恐惧感极有好处，对婴儿脑的情绪中心的发育起着重要作用。

目的：培养母子感情。

第6天 科学喂养，按需哺乳

科学的喂养，要做到按需哺乳。按需哺乳是指按照母亲和新生儿双方的需要进行的喂哺。

按需哺乳的含义

1.新生儿饥饿时进行哺乳。

2.母亲感到乳房充盈时，可以进行哺乳。

3.新生儿的睡眠时间一般不超过3小时，如果新生儿睡眠时间较长，母亲感到奶胀，应该唤醒新生儿并哺乳。

频繁地吸吮，可刺激催乳素的分泌，使乳汁分泌得早且多；另外，频繁吸吮还可以预防母亲发生奶胀，增进母子感情。

按需哺乳的具体做法

1.判断哺乳后新生儿情况，若新生儿很满足，很安静，不哭闹，即是哺乳充分；反之，则是哺乳不足，还需补充哺乳。

2.每周对新生儿的体重进行监测。若新生儿第一周平均增重150克左右，2～3月内每周增重200克左右，即说明哺乳充分；低于此指标，则说明哺乳不足。

3.哺乳后若母亲仍有乳房胀满感，说明新生儿吸吮不足，可在短时间内对新生儿进行补充哺乳。充分哺乳后的乳房应很柔软。一般认为，吃完一侧乳房再吃另一侧的方法较好。

4.哺乳次数与间隔要逐渐形成规律，但不宜过度严守时间，一般每天哺乳不少于8次，夜间也不停止哺乳。

5.每次哺乳时间不需要硬性规定。正常情况下，每次哺乳15分钟左右即可。在生产后头一周内，奶量可能分泌较少，母亲不必担心自己的奶少，要勤给新生儿喂奶，夜间也要勤喂奶，这样可以促进乳汁的分泌。

第7天 新生儿脐带的护理

脐带是胎儿与母亲相互“沟通”的要道，通过脐静脉将营养物质传递给胎儿。在胎儿出生后，医生会将这条脐带结扎，新生儿将与母体“脱离关系”，成为一个独立的人。但是残留在新生儿身体上的脐带残端，在未愈合脱落前，对新生儿来说十分重要。

脐带脱落的时间

脐带脱落的时间与新生儿出生后结扎脐带的方法有关，如残留端很短，新生儿出生后3～4天很快脱落。反之，则需5～7天才脱落。如果7天以上甚至更长时间不脱落，应到医院做进一步检查并进行处理。

脐带脱落前的护理

脐带脱落前，要保持脐带干燥，新生儿从医院回家后，无特殊情况，如无脐部感染，则可以不用纱布覆盖，这样可促使脐带更快地干燥脱落。千万不能把湿衣服、尿布等捂在脐部，如果覆盖的纱布湿了要及时更换，更换时打开纱布后，用浓度75%的酒精棉球，轻轻地从脐带根部向周围的皮肤擦洗，不可来回地乱擦，以免将周围皮肤的病菌带入脐根部而发生感染。

脐带脱落后的护理

脐带脱落后，脐部可能留有一层痂皮，但会自然脱落。正常情况下脐部是干燥的，不必再做处理。若脐部潮湿或有少许液体渗出，可用消毒棉签蘸浓度75%的酒精轻轻擦净，再用浓度75%的酒精涂在脐根部和周围皮肤上，不可用龙胆紫涂在脐部，这样做不仅影响观察脐部感染情况，还可使脐部表面结痂，使脓性分泌物不易排出，加重感染。

其他异常情况

如果发现脐部有白色肉芽长出，或脐部有脓性分泌物而且周围的皮肤出现红肿等现象，应及时到医院进行处置，以防病情加重。

少数新生儿出现肚脐眼突出（即脐疝），主要是由于脐周腹壁组织发育尚未完全、腹肌力量较弱或腹壁发育缺陷引起，多发生在早产儿，而且多为出生后就存在，也有新生儿是哭闹或用力大小便时突然出现。如果肚脐眼突出不厉害则可先观察一段时间，多数在出生后一年内可以自愈；如果肚脐眼突出较大或长时间未愈合则要请医生诊治。

新生儿有脐疝时，家长应注意新生儿的反应，如发现新生儿突然哭闹等不舒服的表现，应马上检查一下新生儿的脐部，如发现脐部异常严重且短时间内没有改善，应怀疑脐疝嵌顿，应立即到医院检查。

第8天 给新生儿洗澡有学问

新生儿皮肤娇嫩，新陈代谢旺盛，容易出汗，大小便次数多，所以新生儿皮肤较脏，容易生长繁殖细菌。洗澡可以清洁皮肤，加速血液循环。每次洗澡还可以检查新生儿全身皮肤、脐带，观察四肢活动和姿势，及早发现异常情况。另外，经常洗澡是对皮肤触觉最好的刺激。

水温

新生儿出生后第二天即可洗澡，洗澡时室温保持在26℃～28℃为宜。水温以38℃～40℃为宜，成人感觉手背不烫为合适。洗澡用水宜先加冷水后加热水，调好温度，以免烫伤。

洗澡的顺序由上而下

若天气寒冷或新生儿脐带还未脱落，应将上身、下身分开洗。

准备妥当后，先脱去上衣，下半身用毛巾或布包好，大人用左手托住宝宝头部，左手的拇指和中指从后面把宝宝耳廓像盖似地按在耳道口，防止水进入耳道，左手和腰部夹住宝宝下半身，右手拿小毛巾沾水将宝宝的脸、头部洗净擦干，接着用同样方法洗颈部、腋下、前胸后背、双臂和双手，洗完后用干浴巾包裹上半身。

然后把宝宝的头靠在大人左肘窝里，左手托住宝宝两大腿根部后开始洗下半身。洗下身时注意不要将脐带弄湿。洗好后立即将婴儿抱出浴盆，用大浴巾裹住，把水滴吸干，在颈项、腋下、会阴等皮肤皱褶处扑上婴儿爽身粉，迅速穿好衣服，垫上尿布，最后用干毛巾把眼、耳、鼻、头发擦干。

若宝宝脐带脱落，脐部情况良好，可在宝宝洗完脸部、头发后，将宝宝全身浸入水中洗。

洗澡次数

洗澡次数可依气候而定，夏天每天至少洗1次，冬天每周洗1次，若大便后很脏也应增加一次。最好在吃奶前洗澡，因为刚吃过奶的孩子容易睡觉，洗澡时容易吐奶。

注意事项

1.澡盆、毛巾应专用，以防止交叉感染。

2.新生儿洗澡应选用刺激性小的沐浴产品，沐浴产品不要直接擦在新生儿身上，应该把沐浴产品在大人手上摩擦后，用带沐浴产品的手去擦洗孩子皮肤。有湿疹的新生儿不要用沐浴产品洗澡，只用清水洗，否则会加重湿疹。

3.大人给新生儿洗澡时动作要轻柔敏捷，每次洗澡不超过10分钟。

第9天 正确包裹新生儿

在我国很多地方，有人喜欢用棉被将新生儿紧紧地包裹起来，因担心包裹不严实还在外面系上一根带子或绳子，人们习惯把这叫作“蜡烛包”。他们认为如果不把新生儿双腿绑直，长大后会成为“八字”腿或罗圈腿。另外也是因为担心孩子着凉。

其实孩子腿变形并不是因为小时候没有捆绑，而是由于维生素D缺乏导致缺钙引起。如果把新生儿捆得太紧，不仅影响其正常发育，妨碍其自由运动，同时由于父母怕婴儿着凉，不敢打开包裹，甚至不给婴儿洗澡，大小便不易及时发现，很容易造成皮肤感染或尿布疹，这样即使孩子生病也不容易发现。

现代的研究发现如果把孩子包裹太紧，容易造成孩子髋关节脱位，因为如果把两腿硬拉直绑在一起，使大腿骨肌肉处于紧张状态，就能使股骨头错位，这不利于臼窝的发育，也容易引起脱位。另外包裹太紧还能限制孩子呼吸时胸廓运动，影响肺的功能。

为了不影响新生儿生长发育，大人不要给新生儿打“蜡烛包”，而应该给孩子穿上一件小衣服，盖上小被子。如冬天出生的新生儿，可以给新生儿穿上绒布衣服及薄棉袄或毛衣，盖上小棉被，让他们手脚自由活动。另外，有条件的话可以到商店买一种棉睡袋，样子像斗篷，下面有扣子固定，可随时打开更换尿布，睡袋比较宽松，既保暖又不影响孩子活动。

第10天 选择纸尿裤还是尿布

新生儿没有控制大小便的能力，常常是不定时大小便，并且每天次数较多，所以就需要用很多的尿布，那么到底应该选择纸尿裤，还是尿布呢？

选择纸尿裤的好处

1.选择合适的纸尿裤，宝宝的房间会很干净，睡的褥子一般不会尿湿。

2.使用方面，宝宝每次尿湿后更换更方便，尿两三次再换也可以，宝宝可以睡得更安稳。

3.纸尿裤脏了可以直接扔了，不用清洗，很方便。

如何选择纸尿裤

选择纸尿裤要选择吸尿强、内外柔软、厚度较薄、眼腰部透气好、腿部有防漏设计以及尺寸适合宝宝的纸尿裤。

选择尿布的好处

1.尿布是纯棉布的，使用安全，对宝宝的皮肤没有任何刺激。

2.使用尿布经济实惠，二三十块尿布用不了多少钱，洗干净消毒后还可以重复利用。

3.尿布的透气性比纸尿裤好。

选择尿布注意事项

1.尿布应选择全棉材质的。

2.尿布的大小要按照宝宝的自身情况来选择，大尿布尺寸是：42厘米×22厘米，小尿布的尺寸是：40厘米×20厘米。

3.尿布的颜色最好是浅色的。

4.尿布的数量要充足，一个婴儿一昼夜需20～30块。

5.妈妈可以买5个大小适合宝宝的尿布兜，将尿布三折后装在尿布兜里。

在选用尿布方面，建议白天宝宝在家时尽量使用棉尿布，妈妈带宝宝出门时可以使用纸尿裤，换用方便。晚上睡觉时为了让宝宝睡得安稳，让妈妈休息好，最好使用纸尿裤。

亲子小游戏

看妈妈

妈妈叫着孩子的名字，跟他说着话走向小床，看孩子是否注视自己，也可以在小床边与孩子说话，让孩子注视妈妈，再慢慢离开，看孩子是否用眼睛追逐。

目的：训练视觉和听力。

育儿箴言

对于新生儿，我们不仅要关心他的身体健康，还应该关心他的心理需要。

第11天 学会给新生儿换尿布

尿布的使用方法

包裹方法 先用长方形尿布兜住肛门及外生殖器，男婴尿流方向向上，腹部宜厚一些，但不要包过脐，防止尿液浸渍脐部；女婴尿往下流，尿布可在腰部叠厚一些。三角形尿布包在外边，从臀部两侧兜过来系牢，但不宜系得过紧，以免影响腹部的呼吸运动。另一个角最后向上扣住即可。由于婴儿髋关节臼较浅，所以包裹尿布时，婴儿两腿的自然位置应摆成M形，酷似青蛙的两条腿。

换洗 尿布换洗一定要勤，一旦发现尿布有粪便，应立即更换，以防粪便中的细菌分解尿液中的尿素产生氨类刺激皮肤，引起尿布皮炎。

洗涤尿布 ①用肥皂水浸泡后搓揉。②用流动清水漂净。③用沸水烫5～10分钟。④在阳光下晒干，如遇阴雨天，用烘干机烘干。⑤折叠起来放在清洁的柜子里。

擦拭 更换尿布时还要讲究擦拭方向。女婴因为尿道短，尿道与阴道基本无菌，而肛门及粪便是有菌的，为女婴换尿布时应从前向后擦拭，而不应从后向前擦拭，否则容易将肛门口的细菌带到尿道及阴道口，导致尿道、阴道感染。

使用时的注意事项

勿垫塑料、橡皮布 有人为了防止宝宝尿液浸渍被褥，习惯在尿布外再垫上一层塑料布或橡皮布。但由于这类物品不透气、不吸水，尿液不容易渗出，致使宝宝臀部潮湿，温度升高，容易患尿布疹和霉菌感染。为防止尿液浸湿床褥，夜间不妨用棉花、棉布做成厚垫，垫在尿布外面，但一定要勤更换。

警惕发生异常 换尿布时，应认真观察婴儿臀部及会阴部的皮肤有无发红、皮疹、水疱、糜烂或渗液等症状，一旦发现，应及时清洗，然后用3%鞣酸鱼肝油软膏或蛋黄油涂抹。症状严重时，要及时去医院皮肤科就诊。另外，尿布或其他衣物脱落下来的线纱，大人掉下的头发，偶尔可能缠绕在宝宝的手指、脚趾及阴茎上，出现局部肿胀甚至坏死，大人应提高警惕。

注意季节变化 夏季气候炎热，空气湿度大，换尿布时不要直接用刚暴晒的尿布，应待其凉透后再用。为防止发生尿布疹，应该增加婴儿光屁股的时间。而冬季气候寒冷，换尿布时应用热水袋先将尿布烘暖，也可放在大人的棉衣内捂热后再用，让宝宝感到舒服些。

育儿箴言

幼儿是一个细心的观察者，他特别容易被成人的行为所吸引，进而模仿他们。

第12天 新生儿的睡眠与睡姿

新生儿大脑发育还未成熟，容易疲劳，进入睡眠时大脑可以得到充分休息，有利于脑和全身的生长发育。如睡眠不好，会导致新生儿生理功能紊乱，神经系统调节失灵，食欲不佳，抵抗力下降，容易生病。

新生儿的睡眠状况

新生儿每天除了吃奶、啼哭外，几乎都在睡觉，每天大约需睡眠20小时。深睡时新生儿很少活动，平静、眼球不转动、呼吸规则。而浅睡时有吸吮动作，面部有很多表情，有时微笑，有时撅嘴，眼睛虽然闭合，但眼球在眼睑下转动。四肢有时有舞蹈样动作，父母不要去打扰他。

新生儿的睡眠与健康有密切的关系。当新生儿疲劳时，必须经过充足的睡眠后，才能解除疲劳；睡眠充足才能吃得好，玩得好，长得好。在婴儿时期，每天应睡几次，睡多长时间，对婴儿的生活安排和习惯培养都是非常重要的。

婴儿一岁前睡眠时间的长短，主要根据不同月龄婴儿生理、神经系统发育和消化功能的特点来安排。月龄越大，白天睡眠次数及时间越少，但仍应注意到要保证充足的睡眠时间，以利于婴儿的生长。父母可根据自己孩子的具体情况，灵活安排睡眠的次数和时间。

要使新生儿睡得好，每次睡前要喂饱。吃奶后要把新生儿放在肩上轻轻拍背，将吞下的空气排出来。新生儿大小便后要把臀部洗干净，换上干净尿布。房间要保持安静，光线适中。盖被不要太厚，也不要蒙住新生儿嘴巴、鼻子，确保新生儿呼吸通畅。

新生儿的睡姿

正常情况下，新生儿吃奶后1小时应右侧卧，之后再仰卧。新生儿大部分时间是采取仰卧睡姿，因为这种睡觉姿势可使全身肌肉放松，对新生儿的内脏，如心脏、胃肠道和膀胱的压迫最少。但是，仰卧睡觉时，舌根部放松并向后下坠，容易堵塞咽喉部，影响呼吸道通畅，如果再给新生儿枕上一个较高的枕头，就会增加呼吸困难，这时大人应该密切观察新生儿的睡眠情况。最好不要给新生儿使用枕头。

新生儿俯卧睡觉容易发生意外窒息。另外，俯卧睡觉会压迫内脏，而且容易产生溢奶的现象，不利于新生儿的生长发育。

亲子小游戏

看一看

妈妈面对面地和婴儿说话，吸引婴儿看着妈妈的脸。妈妈再慢慢移动脸，吸引孩子的眼睛随移动，左右来回两三次。

目的：训练视觉。

第13天 新生儿寝具的选择

刚出生的宝宝大部分时间都在睡眠中度过的，必须为宝宝准备适宜的寝具。寝具的选择以纯棉为主，并且要多准备几套，方便经常更换和清洗。

床单

家长可以为宝宝准备3～6条纯棉床单。可以买尺寸较大的床单，将床单反折压到床垫下，也可以将床单的四个角打结后塞到床垫下，还可以在四个角上缝制松紧带进行固定，这些都是解决床单乱跑的好方法。

另外，建议在床单下的床垫上套一层坚固又厚的塑料套，作防水用，这样即使宝宝尿湿了床，只需换上新的床单就可以了。

棉被及毯子

棉被以选择柔软的为宜。准备包裹宝宝的毯子宜选择透气、轻薄的薄棉毯，既容易包裹，也会让宝宝比较舒服。大一些的宝宝，可以使用睡袋型的棉被，或将棉被的两边塞到床垫底下固定，都可以防止棉被被宝宝踢掉着凉。棉被或毯子都要进行检查，防止脱线、硬块等给宝宝造成不适。

枕头

对还无法用手支撑身体的宝宝来说，最好不要使用枕头。因为宝宝猛地一个转头或翻身，有可能会将脸埋在枕头上，从而造成窒息。

一般出生后3～4个月时可开始让宝宝使用枕头。

关于如何为宝宝选择枕头，后面的内容中将有详细的介绍。

垫褥

垫褥选择旧棉花胎折叠比较适宜，因为旧的棉花胎有一定的硬度，孩子睡在上面不会往下沉，感觉较舒服，也有利于婴儿脊柱的发育。

另外，要经常把垫褥、盖被拿到太阳下晒，这样不但使被子松软暖和，还起到消毒杀菌作用。

育儿箴言

幼儿不仅在心理上是被动的，而且像一个空花瓶，是一个有待于充满及塑造的生命。

第14天 正确选择婴儿床

婴儿是一个独立的人，因此，尽量从小就给他一个单独生活的场所。当然，不一定非要给他一个单独的房间，但至少应该给他选购一张实用舒适的小床。

侧护栏

从安全角度来看，侧护栏的间隔应在6厘米以下，防止孩子把头伸出来。侧护栏的高度一般要高出床垫50厘米为宜。

可以选择侧护栏附有活动小门或侧护栏可以整体放下的婴儿床，这样大人抱孩子或给孩子换尿布的时候就不必老弯下腰来抱婴儿。

大小

婴儿床如果太小，用一年左右就要淘汰，似乎有点浪费。但是如果太大，又不能给婴儿提供安全感。现在有的床是可以调节长短的，这样的床比较实用，但要注意是否结实，以免发生事故。

装饰

有些妈妈喜欢花纹比较复杂、雕饰比较多的婴儿床，事实上，这样的床对孩子是不够安全的。因为床栏或床身上凸起的雕饰容易勾住孩子的衣物，孩子竭力挣脱时，就有可能碰撞受伤。

婴儿床的表面不要贴上贴纸，如果贴纸翘开，孩子很有可能会把它撕下来塞进口中，而且鲜艳的贴纸易使孩子烦躁不安。通常暖色调的规律图案会使孩子平静且心情愉悦。

有的婴儿床涂有各种颜色，如果涂料中含铅，当婴儿啃咬栏杆时就会发生铅中毒的危险。

缓冲围垫

围在婴儿床内四周围的海绵或充气尼龙制品，能够保护婴儿的头部。围垫最少要有六个以上的结缚处；将结缚的带子保持最短的长度，以防止勒到宝宝脖子。一旦宝宝能踏上围垫，便应该拿掉围垫，因为它们可能成为宝宝爬出床外的垫脚石。

调位卡锁

婴儿床两边的床缘通常有两个高低调整位置，这些调整控制必须具有防范儿童的固定卡锁机能（即儿童无法自己把床缘降下）。有些婴儿床设计了单边调低控制，它可以减少意外松开的机会。

纱帐

婴儿床最好可以挂纱帐，这样夏天可以挡住蚊蝇对孩子的侵扰；光线太强时，也可以调节光照。

亲子小游戏

说悄悄话

孩子睡醒后，妈妈轻柔地与宝宝讲悄悄话。在离孩子10厘米左右的地方与他说，如：“宝宝睡醒了，宝宝真高兴，宝宝真美丽，宝宝是妈妈的小心肝。”等，每日3次，每次2～3分钟。

目的：言语训练。

第15天 如何为新生儿选择衣服

新生儿的活动一般是无意识、无规则和不协调的，四肢多为自然的弯曲状，为了不束缚他们的发育，衣服要做得宽大些，这样既易于新生儿的活动，又便于穿和脱。

新生儿的衣服，要求装饰少。为避免划伤新生儿娇嫩的皮肤，衣服上不要钉纽扣，更不能使用别针，同时应避免有金属纽扣或拉链，可以用带子系住衣服。

目前普遍认为，刚刚出生的小宝宝皮肤娇嫩，容易出汗，内衣应选用柔软、吸水及透气性较好的浅色纯棉布或纯棉针织品制作。新生儿穿系带斜襟式衣服最为理想，这种衣服前襟要做得长些，后身可稍短些，以避免或减少大便的污染。此外，小婴儿脖颈短，容易溢奶，这种上衣穿着比较舒服，且便于围放小毛巾或围嘴。

裤子也要多准备几条。虽然小婴儿每天大小便数十次，裤子很容易弄潮，但如果不给宝宝穿裤子，换尿布时容易受凉。婴儿裤子也应选用柔软的棉制品，式样为开裆系带或开裆背带，不要用松紧带。因为松紧带过紧，会影响孩子胸部的生长发育。另外要注意婴儿贴身的衣服不要有缝头，也就是婴儿贴身衣服应该“反穿”。

炎热夏季，新生儿最适宜穿连衫格式的长单衣，背后系有带子，便于换尿布。

如果您的宝宝是在寒冷的冬天出生，您还应该为宝宝准备些毛衣、毛裤、棉衣、棉裤。毛衣应选择开襟式、无领，因为小婴儿不容易穿脱套头衫，翻领毛衣可能会磨伤婴儿颈颌下部皮肤。毛裤最好选择背带开裆式，毛衣、毛裤应选用全毛毛线或者棉纱线编织的。

新生儿系带斜襟式棉衣至少准备2～3件。棉衣、棉裤应选择棉布做面里，中间可选用腈纶棉，因为婴儿的棉衣棉裤需经常清洗，腈纶棉衣棉裤易洗易晒，并且不会像棉花那样洗后板硬。另外要注意棉衣棉裤不要太厚。

在某些地区的秋、冬季节，一般常使用襁褓包裹婴儿，这是一种既简便又实用的好方法，襁褓常分为适用于春秋的夹襁褓和冬季使用的棉襁褓。大人为新生儿更换襁褓时，要注意在室内温度适宜的情况下进行，冬季要先将襁褓烘烤一下，以驱散寒气，避免孩子着凉；襁褓最好准备两条，以便替换。

育儿箴言

在孩子的世界里，一切东西跟人一样，都是有思想、有感情的。

第16天 新生儿居室环境的要求

胎儿在舒适的母体内生活了9个多月，出生后的新生儿就像刚出土的苗，非常娇嫩，必须细心呵护好。那么新生儿应该在什么样的环境下生活最好呢?

阳光充足

应为新生儿准备一间向阳的、空气新鲜、清洁舒适、细菌极少的居室。冬季新生儿的居室不能过冷，一般室温在18℃～22℃为宜。最好选择朝南的房间作为新生儿居室，这样居室阳光充足，小儿可以晒到太阳，不容易因维生素D缺乏而引起佝偻病。同时朝南房间干燥，致病菌不容易生长繁殖。

清洁、安静

新生儿大部分时间在睡觉，平均每天要睡20～22个小时，安静的环境是必要的。平时要经常开门开窗通风，保持室内空气新鲜。开窗时不要让风直接吹到新生儿身上，可利用窗帘或屏风遮挡。如果天冷或风大时，也可以先把新生儿抱到另外的房间，等通风以后再抱回来。居室要清洁，每天应打扫室内卫生，为避免空气中尘土飞扬，每天要用湿布擦拭桌、椅，并坚持扫地前洒水。

保持湿度

北方地区空气干燥，要采取些措施增加湿度。如冬天在暖器上放一盆水，炉子边挂一些湿衣服或毛巾，使水分蒸发。有条件的使用加湿器亦可。

安全

不要让过多的人探望孩子。新生儿抵抗力差，过多人进出新生儿房间，可能带来呼吸道传染病菌，而且人多嘈杂，也影响产妇和新生儿休息。

新生儿房间还要防止猫、狗等小动物的进入，一则防感染，另则防抓伤。

无化学危害

新生儿绝对不能住新装修的房子。涂料中的甲醛容易致癌，新生儿抵抗力差，极易因此患白血病。因此最好是在监测过甲醛含量后，再住进新家。

第17天 新生儿的口腔护理

刚生下来的孩子就具有吸吮、吞咽的能力，但这只是一种原始反射的最初表现，随着新生儿不断地生长发育，其口腔功能也将日趋完善。因此，家长从现在开始就必须关注孩子的口腔保健，帮助孩子迈出口腔健康管理的第一步。

口腔护理

有人认为新生儿的口腔内有羊水、血等脏东西，喜欢用纱布或手帕擦洗口腔，这样做很容易擦破口腔黏膜而引起感染。其实，新生儿口腔一般不需要特别清洗，因为这时口腔内尚无牙齿，口水的流动性大，可以起到清洁口腔的作用。

所以，从新生儿期开始，在每次给婴儿喂完奶后再喂点温开水，将口腔中残存的奶液冲洗掉。个别确实需要清洗时，用棉签蘸水轻轻涂抹口腔黏膜，切记不要擦破。

螳螂齿

每个新生儿口腔的两侧颊部各有一个较厚的脂肪垫隆起，俗称“螳螂齿”。新生儿吸奶时，前部用舌头和口唇黏膜、颊部黏膜抵住奶头，这时后部的脂肪垫关闭，帮助增加口腔中的负压，有利于婴儿吸奶。旧习俗认为“螳螂齿”妨碍新生儿吃奶，要把它割掉，实际上这是不科学的。它不仅不会妨碍新生儿吸奶，反而有助于新生儿的吸吮动作，属于正常的生理现象。

马牙

在新生儿的牙路上，有时会看到一些淡黄色凸起的米粒大小颗粒，俗称“马牙”。“马牙”的出现也不是异常现象，它的产生是由于黏液腺管阻塞、上皮细胞堆积而形成的，属于正常生理现象，一般几个星期后就会自行消失。同样，“马牙”的存在也不会妨碍新生儿吃奶，更不会影响日后乳牙萌出。

因此，新生儿的“螳螂齿”、“马牙”千万不能用针挑、刀割或粗布擦拭。因为新生儿唾液腺的功能尚未发育成熟，口腔黏膜极为柔嫩，比较干燥，易破损，加之口腔黏膜血管丰富，所以细菌极易由损伤的黏膜处侵入，发生感染。轻者局部出血或发生口腔炎，重者可引起败血症，危及新生儿的生命，其后果是极其严重的。

第18天 清洁新生儿的眼、耳、鼻

眼睛的清洁护理

保持新生儿的眼睛清洁，一般在洗脸时，先用毛巾或小纱布蘸水清洗即可。有些刚出生的新生儿眼屎较多，家长可能会认为这是孩子“火气”大，没关系。其实这不是“火气”大，而是孩子出生时通过母亲的阴道时被细菌感染所致。所以，如果孩子眼屎比较多，家长应该带孩子去医院看眼科医生，绝不可以擅自给孩子用药治疗。

耳朵的清洁护理

小婴儿耳屎和鼻屎一般不需特殊处理。耳屎是外耳道皮肤上的耵聍腺产生的一种分泌物，医学上称为耵聍。一般婴儿的耳屎呈浅黄色片状，也有些婴儿耳屎呈油膏状，附着在外耳道壁上。由于婴儿吃奶时面颊的活动，耳屎会有松动，常可自行掉出。如果耳屎包结成硬块，不可在家自行掏挖，应到医院五官科请医生滴入耵聍软化剂，用专门器械取出，少量耳屎可起到保护听力的作用。大人如果发现孩子耳朵有脓性分泌物流出，应到医院请五官科医生诊治。

家长给新生儿洗澡时要防止耳内进水，若不慎有水进入，可用干棉签轻轻擦拭。

鼻子的清洁护理

一般鼻屎可随着婴儿打喷嚏而自行排出，家长不要用手去掏挖，以防手上细菌带入。如果鼻屎很多又黏稠，不易排出，家长可在孩子熟睡时用棉签蘸水或植物油在鼻腔前部轻轻擦抹，注意不可插入过深，以免损伤鼻腔黏膜。

第19天 喂奶的时间和次数

这一时期给孩子喂奶的次数每天大约为6～8次，按需喂奶的原则仍然不变。

按需哺乳并不意味着没有规律可循，一个出生体重正常（大于2500克）的小儿通常是3～4个小时吃一次奶，要是父母稍加引导，养成孩子定时饥饿习性的倾向，那么，小儿自己会逐渐养成定时吃奶的习惯。

父母可将4小时喂奶一次作一个计划，例如：早晨6点，上午10点，下午2点，下午6点，晚上10点，次日凌晨2点，一昼夜6次。

若是婴儿表示饥饿时可灵活将喂奶时间提前，婴儿还有自己弥合时差的能力，这次提前吃奶后甜甜地睡上一觉，这一觉会有可能睡得超过4小时，那么与下次醒来吃奶的时间就又吻合了。

当然，这4个小时一次的时间不会像钟表那样准时，一天下来前后相差几十分钟是完全可以的。

每个小儿胃的容量是有差别的，有的小儿胃容量小只能容纳供4小时消化的奶汁，尤其是出生体重偏低的小儿，通常喂奶间隔时间要短些。母亲可以根据孩子的情况作出调节。关键的是要在小儿表示饥饿时再喂奶，饥饿的小儿吸吮有力，乳汁容易吸空，对乳房的刺激大，促使母亲的乳汁分泌越来越多，而小儿每次吃得越饱排空的时间也就越长。

按需喂奶，绝不是说婴儿一哭、一醒就要喂，这样做会把父母搞得筋疲力尽。母亲不能安心休息，就不能很好地下奶；奶水不足，婴儿吃不饱，就会频繁地啼哭，形成恶性循环。另外，父母千万不要一见婴儿动弹就迫不及待地抱起来喂上一通，要知道这是无意地在培养孩子少食多餐的习惯。父母可以试着换下湿尿布、喂些水、变换一下体位，或是在他的小脸上爱抚几下，可能用不着喂奶，孩子又酣睡过去了。等到想尽办法皆无效时，再喂奶也不迟。

育儿箴言

父母可以通过拥抱与孩子多多接触，建立亲密关系，促进情感交流。

第20天 怎样提高母乳的质量

早开奶，勤哺乳

开奶时间越早，越能刺激母亲泌乳和排乳。断脐后，马上实行母子皮肤直接接触，24小时母婴同室。早开奶、多吸吮、按需哺乳是促进乳汁分泌的有效措施。不要因为最初几天乳汁不足，就放弃哺乳。因为母亲在分娩后2～7天正处在泌乳期，乳汁由少到多要有个过程，在此期间，只要给宝宝频繁哺乳，母乳就一定会多起来。

食量充足，营养丰富

母乳是由母体营养转化而成，所以喂奶的妈妈应该食量充足，多进食营养丰富的食物。因为妈妈肩负着双重任务，一是供给自身需要；二是泌乳需要。食物中蛋白质应该多一些，因为食物中的蛋白质仅40％转化成母乳中的蛋白质。食物中还应有足够的热量和水，较多的钙、铁、B族维生素和维生素C。此外，哺乳期的女性不应偏食、挑食，否则影响母乳质量。如果肉、蛋、青菜吃得少，就会缺乏叶酸和维生素B12，婴儿易患大细胞性贫血。哺乳期的女性一般每天应吃粗粮500克，牛奶250克，鸡蛋2个，蔬菜500克，水果250克，油50克，适量的肉类和豆制品。

保持心情愉悦

泌乳和排乳受中枢神经系统和内分泌调节，不良刺激能干扰这种调节作用，所以，哺乳期的女性应力求保持轻松、愉快的情绪。家庭成员尤其是丈夫，要多为哺乳期的女性创造宽松的环境，促进乳房泌乳和排乳。

避免疲劳

孕妇在分娩时，精神、体力消耗极大，需要较长时间的恢复。然而许多哺乳期的女性得不到充分的休息，因为她们一直想着孩子，有的还需昼夜照料孩子，这就影响了泌乳的质量。所以，丈夫和家人要多为哺乳期的女性分担孩子的护理工作，使其有较多时间休息。但休息不等于卧床，也应适度活动，才有助于身体恢复，还有助于泌乳。

避免药物

许多药物都能通过乳汁进入婴儿体内，所以，哺乳期的女性用药要慎之又慎，最好按医生指导用药。应该避免用下列药物：安定、麦角安宁、美撒痛、异烟肼、可待因、氯霉素、红霉素、四环素、磺胺类药、氯丙嗪、阿托品、阿司匹林、苯巴比妥等。

育儿箴言

声音、微笑和眼神，是父母和新生儿的特殊沟通。

第21天 如何判断母乳不足

母乳的量是否充足，孩子是否吃饱，这是喂养孩子过程中首先需要了解的问题。奶量不足，孩子吃不饱，就会影响其生长发育。怎样正确判断这两个问题呢?

通过孩子吃奶的表现

通过孩子吃奶中的表现来判断母乳是否充足，如果母乳充足，婴儿吃奶时很安静，一般吮吸3～5下咽一口，而且有吞咽声，吃奶不超过15分钟，吃饱后多数安静入睡或不哭不闹地玩耍。3个月的婴儿，吃一次母乳能维持3个多小时，在两次吃奶之间一般不会哭闹。如果母乳不足，婴儿吃奶时，吮吸次数多，咽的次数少；或边吸奶边哭闹，从婴儿口中拔出乳头后，孩子还要追着吃奶，这些都是奶量不足、孩子吃不饱的表现。

通过其他的方法

1.每天给婴儿测体重，只要每天能增加30克就是正常。如果每天体重增加不到20克，可以认为仅用母乳喂养恐怕吃不饱。还要说明一点，母乳充足的母亲会有这样一个过程，在分娩后的前几周显得“母乳不足”，坚持哺喂1～2周后，母乳量就明显增多。出生3～4天的新生儿有一个生理性体重下降的过程，一般在7～10天恢复到出生时的体重，这时称体重新生儿没长是不奇怪的，千万不要归罪于母乳不足。

2.要区别由于想吃就哭和真正不够吃的哭。爱哭的孩子不瘦，说明母乳够，哭是因为想吃了。有的婴儿天生“食量大”，母乳不够吃会哭，一般比较瘦。另外，如果婴儿吃完双侧母乳之后，还能吃完50毫升以上的牛奶，而且他的大腿很细，皮肤松弛，可以认为母乳不足。因为半个月的婴儿一般能吃80～100毫升的奶，如果吃过母乳后仍能很快吃掉50毫升牛奶，那么可以判断母乳的出奶量还不到50毫升。

3.母亲自觉乳房不胀，乳房外观看不到“青筋”，也是母乳不足的一个表现。

第22天 母乳不足时如何喂养

尽管母亲非常希望母乳喂养孩子，但也会有母乳不足的时候。因此，不得不补喂一些牛奶来满足婴儿的需要。

当为了满足婴儿生长发育，需要添加牛、羊乳或其制品，添加量和方法应根据小儿的需要量及母乳缺乏的程度，并注意对母乳供应的影响。常在下午或傍晚母乳缺乏时喂以牛、羊乳，这样使得喂哺母乳次数并未减少，仍能按时刺激乳房以利乳汁分泌。添加乳量的方法是让婴儿任意自奶瓶吸取，直至满足其食欲为止，并记录吸入的奶量。按这种方法试喂几天，观察婴儿有无消化道症状，可取其平均值作为补授奶量，以后随月龄增长而酌情增加。

当母乳充足时，即应停止加喂牛、羊乳。新生儿很容易接受奶瓶，以至于排斥母乳。最好的喂法是用一次牛奶代替一次母乳，而不能在每次喂光母乳后再添牛奶。这样，不至于影响母乳的供给。不能有如果奶水不够可用牛奶来补充的想法，也不能每次喂完奶就急于添加牛奶，生怕饿着孩子，这些因素加上婴儿热衷于对奶瓶的吸吮，会使奶水很快干涸。

母亲应该考虑到这次添加的牛奶是作为临时的补救措施，等奶水多起来就要慢慢去掉这一次牛奶。只要有了这种想法，母亲会千方百计地去想办法增加奶水以能尽快地去掉添加的牛奶。

如果用了很多方法，母乳还是在日益减少，母亲可把乳汁留待夜间喂哺，以免深夜起来调冲牛奶影响睡眠。

亲子小游戏

听铃声

将小铃铛放在孩子一侧摇，节奏时快时慢，声音时大时小，不让孩子看到铃，注意孩子对铃声有无反应，是否用眼睛寻找声源。

目的：检查听力。

第23天 母乳喂养有哪些误区

喂奶时逗笑

宝宝吃奶时逗引，一旦发笑可使喉部的声门打开，使吸入的奶汁误入气管，轻者呛奶，重者诱发吸入性肺炎。

生气时喂奶

人生气时体内会发生应激分泌。妈妈生气时或刚生过气不宜喂奶，建议适当缓解一段时间后再喂。

运动后喂奶

中等强度以上的运动会在体内产生乳酸，乳酸滞留于血液中易使乳汁变味。为此，哺乳期的女性运动宜温和些，运动结束后先休息一会儿再给宝宝喂奶。

边看电视边哺乳

母亲在看电视时哺乳宝宝，会夺去母子之间难得的情感交流机会，而且电视发出的辐射和声音会影响宝宝吃奶，还会影响宝宝听力的正常发育。

上班期间只能断奶

储存母乳可以使宝宝继续享用母乳，还可保持妈妈乳汁分泌，防止胀痛。挤奶时可用挤奶器或手挤，将奶放在经消毒的且有密封瓶盖的玻璃或塑料瓶内。

每次只喂一边

只喂一边的做法会减少另一侧乳房所受的刺激，泌乳自然也会减少。为此，每次哺乳应尽量两边都喂。即使宝宝吃了一边乳房的奶水就饱了，妈妈也应排空另一边乳房。

喂奶期减肥

喂奶期减肥容易导致乳汁质量下降，对宝宝健康不利。

感冒时继续哺乳

母亲这时哺乳容易将病毒通过呼吸道传染给宝宝，需待体温恢复正常后再喂养。母亲在停止哺乳期间，应及时把乳汁挤掉，以防乳汁结块及影响乳汁分泌。

哺乳时浓妆艳抹

人类能够依靠特殊的气味和灵敏的嗅觉来辨认亲子关系。新生儿的感觉以嗅觉最为敏感，母亲的气味对宝宝影响很大，多数新生儿能够将头部准确地转向母亲气味的方向，对母亲的乳味尤其表现出特殊的好感和亲昵，并能唤起新生儿愉快的情绪和食欲，这对新生儿发育有利。哺乳期的女性若涂脂抹粉，会使新生儿认不出自己，产生戒备心理，甚至出现不安、哭闹、难以入睡、拒绝吃奶等不良反应。

第24天 新生儿吐奶正常吗

新生儿吐奶是一种很常见的现象，称为溢奶。溢奶多发生在小孩吃奶后不久，体位由抱着改为躺下时发生，也可在吃奶后活动时发生；溢出的奶多顺着小儿口角边流出而不是从口中向前猛烈喷出，量可多可少；吐出的东西主要为刚吃下的奶或者稍经胃酸作用后形成的奶块，没有黄色胆汁或血液等成分；小儿吐奶后一般无其他不适。

溢奶生理方面的因素

新生儿由于以卧位为主，所以胃的形状和位置是横位，当喂奶后婴儿一活动，奶就很容易从胃中又返流到食道、口腔，这就造成溢奶。溢出的奶量一般比较少，由于奶已进入胃后，与胃酸结合，故有时吐出的奶中有奶块。但婴儿无任何其他症状，也不影响新生儿的生长发育。

溢奶喂养方面的因素

如喂奶量过多，奶嘴孔太大，喂奶过快，喂奶时奶瓶中的奶没有充满奶嘴，婴儿在吸奶时同时吸进很多空气；其次是母亲乳头过小且短，婴儿吸母乳时不能将母亲奶头含满口腔，婴儿吸奶时用力，同时吸进空气；另外在喂奶时翻动小儿过多，或婴儿边哭边吸奶都会引起吐奶。

如何避免溢奶

1.喂奶量要依据日龄特点，新生儿第一天喂奶量每次30～40毫升，到第一周末逐渐增加到75～100毫升，也应考虑个体差异，主要是符合胃容量。

2.喂奶时应将小儿抱起来、头向上方斜躺在母亲怀里。母亲一手托住小儿背部、一手用拇指和其他四指分别放在乳房的上方和下方以托起整个乳房喂奶，如果奶流过急则可用拇指和食指分别放在乳头上、下方适当按住或夹住乳房以控制奶流速度，避免小儿吃奶过急引起胃部痉挛而导致溢奶。

3.人工喂养时奶瓶的奶头应充满奶而不能有空气。

4.吃奶后应将小儿抱起让其头朝上趴在大人的肩膀上，轻拍小儿背部，让吃奶时咽下的空气从口中排出后再让小儿躺下。

5.喂奶后最好取右侧卧位，尽量不要多翻动和逗婴儿，以免溢奶。

如果小儿吐奶严重，例如吐奶呈喷射状、吐出物颜色异常等则应及时找医生查看。

亲子小游戏

追着看

宝宝睡醒后，用一个红色的绒布娃娃或十几厘米大的球等，逗引他，看他有无视觉反应。或宝宝看到玩具后，盯住看。妈妈再把玩具慢慢移动，让宝宝的视线追随玩具移动，玩2～5分钟。

目的：锻炼宝宝的视觉能力。

第25天 新生儿护理的七种误区(1)

宝宝刚出生就忙坏了年轻的父母，由于缺少经验，在护理宝宝时出现不少错误，应及时纠正以避免妨碍新生儿健康成长。

误区一：喂奶后用纱布擦口腔

喂奶或溢奶后，新生儿的口颊内及舌头上往往会残留奶块。有些家长会用纱布蘸水去擦，这是错误的，因为粗糙的纱布有可能损伤宝宝稚嫩的口腔黏膜，引起宝宝口腔感染。

正确做法 喂奶后给宝宝喝少许温开水，奶块会很快被冲走。

误区二：少洗头发减少脱落

有些家长怕宝宝头发易脱落，尽量给宝宝少洗头。其实洗发时脱落的头发都是衰老的，不洗也会掉，相反，长期不洗发，油脂及汗液刺激毛囊会引起继发感染，反而会影响新生儿头发生长。

正确做法 夏季每天洗1～2次头发，其他季节每2～3天洗一次。洗发时可用婴儿洗发液擦洗，并用掌心轻轻揉擦孩子头皮，以促进血液循环。

误区三：用包被将宝宝扎紧

到了冬季，家长怕新生宝宝受冷，用一个包被将宝宝包起来，外面再用布带子将宝宝结结实实地捆起来。其实这对新生宝宝有害无益。一方面限制了胸部的活动，影响肺功能，易发生肺部感染，同时压迫了腹部，影响肠胃蠕动，使消化功能减弱；另一方面四肢活动受到限制，不利于四肢骨骼和肌肉的发育，使动作发育延缓。

正确做法 晚间可以给宝宝用睡袋，在睡袋下方开口，便于换尿布。白天给宝宝穿上内衣、薄棉袄或毛线衣，再盖上棉被就可以了。

第26天 新生儿护理的七种误区(2)

误区四：满月时剃胎发、刮眉毛

很多年轻妈妈会按传统的习惯在宝宝满月时剃胎发、刮眉毛，认为这样做宝宝将来的头发和眉毛会长得浓密。然而宝宝皮肤薄嫩，又不会配合，容易刮破皮肤，使细菌乘虚而入引起感染。

正确做法 宝宝长到4个月左右时，眉毛会自行脱落更换，不必刮去。到宝宝长到6个月后，父母可以找有经验的理发师给宝宝剃头。

误区五：要少抱宝宝

传统观念认为新生儿要少抱，抱多了易形成坏习惯，以后会非抱不可。其实整日躺着的宝宝，方便了父母，不利于婴儿。躺着的宝宝看天花板，缺乏了神经发育的各种有利刺激，不利于智力发育。

正确做法 父母要经常抱抱宝宝，同时和宝宝多说话，多用眼睛对视，增强感情交流，有利于他的大脑发育。

误区六：用尿布将肚脐包起来

刚出生的宝宝脐部容易发炎，有的妈妈怕宝宝脐部感染，就用尿布将宝宝肚脐包起来，其实这种做法反而容易导致细菌生长繁殖，引起脐部感染。

正确做法 每天给宝宝洗澡后或在宝宝大小便不慎弄脏了脐部时，用75％浓度的酒精棉球擦拭脐部，用这样的消毒法10天左右，如没有感染可停止消毒。

误区七：新生儿没有感观能力

有的父母认为刚出生的宝宝没有知觉，不会听懂大人说话，也不会对看见东西有所理解，所以只要给吃给喝就行了。

正确做法 宝宝出生后能听到声音，看到色彩鲜艳的玩具，也有味觉和触觉。妈妈可逗他笑，轻轻地抚摸他的皮肤，跟他进行目光交流，说说话，看看会转动的玩具，这些都可以促进宝宝的智能发育。

第27天 新生儿简易的健身方法

"抱、逗、按、捏"是新生儿健身简便易行的有效办法，对新生儿身心健康有良好的作用。

抱

抱是母子感情信息的传递，是新生儿最轻微、最得体的活动。当新生儿在哭闹不止的时候，是最需要大人抱，从而得到精神安慰的时候。有的家长怕惯坏了孩子而不愿意抱，这对孩子的身心健康和生长发育是很不利的。为了培养孩子的感情、思维，特别是在那种哭闹的特殊语言要求下，不要挫伤孩子幼小心灵的积极性，要适当地多抱一抱你的小宝宝。

逗

逗是新生儿期最好的一种娱乐形式。逗可以使小宝宝高兴得手舞足蹈，使全身的活动量进一步增强。有人观察，常被逗弄、与之嬉戏的孩子要比长期躺在床上很少有人过问的孩子表现得活泼可爱，对周围事物的反应显得更加灵活敏锐，这对新生儿以后的智力发育有着直接的影响。

按

按是家长用手掌给孩子轻轻地按摩。先取俯卧位，从背部至臀部、下肢；再取仰卧位，从胸部至腹部、下肢，各做10～20次。按不仅能增加胸、背、腹肌的锻炼，减少脂肪的沉积，促进全身血液循环，还可以增强心肺活动量和胃肠道的消化功能。

捏

家长可以用手指轻轻捏揉新生儿，比按稍加用力，可以使新生儿的全身和四肢肌肉更加坚实。一般从四肢开始，再从两肩到胸腹，各做10～20次。在捏的过程中，新生儿胃液的分泌和小肠的吸收功能均有增进，特别是对脾胃虚弱、消化功能不良的新生儿效果更加显著。

亲子小游戏

拉拉看

将一副挂铃挂在孩子床上，妈妈抱着孩子，拉着他的手拍打挂铃发出声响，再把一根能牵动挂铃的绳放在孩子手里让他握住。孩子握住后不自主地拉动，挂铃发出声响，他会很高兴。

第28天 如何给新生儿按摩

新生儿按摩可以促进母子交流，增加新生儿体重，有利于新生儿身体健康和发育，同时可以减少新生儿吵闹，增加睡眠。

给新生儿按摩手法

头部 用双手拇指从前额中央向两侧滑动；用双手拇指从下颏中央向外侧、向上滑动；两手掌面从前额发际向上、后滑动，至后、下发际，并停止于两耳后乳突处。轻轻按压。

胸部 两手分别从胸部的外下侧向对侧的外上侧滑动。

腹部 按顺时针方向按摩腹部，但是在脐痂未脱落前不要按摩该区域。用手指尖在婴儿腹部从妈妈左方向右按摩，妈妈可能会感觉气泡在指下移动。

四肢 双手抓住上肢近端，边挤边滑向远端，并揉搓大肌肉群及关节。下肢与上肢相肢同。

手足 两手拇指指腹从手掌面跟侧依次推向指侧，并提捏各手关节。足与手相同。

背部 婴儿呈俯卧位，两手掌分别由背部中央向两侧滑动。

给新生儿按摩注意事项

1.新生儿的注意力不能长时间集中，因此，每个按摩动作不要重复太多。

2.按摩时间应选择在新生儿不太饥饿或者不烦躁的时候，最好在婴儿沐浴后，或在给婴儿穿衣服的过程中。

3.按摩前短时间的准备也很重要，可以放一些柔和的音乐以帮助放松，使婴儿感到更加舒适。

4.按摩前要先温暖双手，倒一些婴儿润肤油或爽身粉于手掌心，然后轻轻地在婴儿肌肤上滑动，开始时轻轻地按摩，逐渐增加压力，孩子慢慢地就适应了。

5.按摩没有固定的模式，可以不断地调整，以适应婴儿需要，对于新生儿，每次按摩10分钟即可；对于大一点的婴儿，可以延长时间至20分钟。

第29天 与新生儿建立亲密关系

初为父母，是在与孩子建立了亲密的交流关系后，逐渐获得自信和为人父母的感觉，孩子也因为有了与父母的接触而获得安全、幸福和信赖的感觉，这些基本的满足感是孩子日后成长、发展人际关系的基础。

建立亲密关系的方式

父母可以通过目光交流、爱抚、拥抱、轻柔呼唤等与宝宝建立亲密关系，发展宝宝对外界事物的认知和感受能力，促进孩子健康而愉快地成长。

与宝宝肌肤相亲

婴幼儿成长过程中，父母的爱抚能够促使他们快速成长，当父母和宝宝“肌肤相亲”时，可以对宝宝产生良好的刺激，其大脑的兴奋与抑制也会变得协调，更能促进宝宝大脑的发育和智力的提高。

亲子之间的肌肤接触还可以消除宝宝对陌生世界的恐惧感，建立起宝宝的安全感。长此以往，宝宝与父母的感情就会日益深厚，还容易建立起宝宝对他人的信任感，而这种信任感可以塑造宝宝良好的个性。宝宝长大后往往会性格开朗，社会适应性也比较强。

亲子肌肤接触很简单，只要父母有心，肯花时间陪着宝宝，经常抱抱他、亲亲他，给他做抚触、婴儿操，就能在亲子之间建立稳固的感情。此外，哺乳时尽量与宝宝肌肤相亲，让他感受到妈妈的怀抱是最安全的场所。

母子之间的悄悄话

在照料宝宝时，喂奶、换尿布、擦脸、洗澡等，每一个动作都是建立亲密关系的好机会。当父母照料宝宝时，可以边做边说“宝宝吃奶了”“宝宝乖”“我们现在开始洗澡哦”等，虽然宝宝还不会说话，但他能感知这一切。所以，要尽量给宝宝营造一个丰富的充满亲情的环境，利用各种机会给宝宝以丰富多彩的情感生活。

第30天 第1个月智能发育测试

分　类	项　目	测评方法	通过标准
大动作	俯卧片刻抬头	宝宝趴在床上，脸向下，双臂放在头两侧，前面用摇铃逗引其抬头	自行抬头，下颌离开床面2秒
精细动作	握笔杆一会儿即掉	宝宝仰卧，将笔杆放在其手中	可握笔杆2～3秒
认知能力	听声音用眼睛找声源	宝宝仰卧，距一侧耳9厘米摇铃	眼睛向声源方向移动
言语	会发细小喉音	宝宝仰卧清醒时，观察其发音	能发出除哭以外的任何一种细小柔和的声音
情绪与社会行为	与爸爸和妈妈眼对眼注视	宝宝清醒时与爸爸或妈妈对视	对视超过3秒以上
	逗引会微笑	宝宝仰卧，用语言、表情逗他，但不要用手触及他	有微笑等愉快反应

说明：以上智能发育测试是本阶段宝宝的平均水平。由于宝宝成长发育存在个体差异性，所以，如果您的宝宝某些项目没有达到要求，请不用担心，您只需在以后多加关注和训练即可。

第2个月
快速成长发育

在累并快乐的日子里，你体会着做妈妈的满足。看着宝宝每一天的变化，欣喜的感觉如同刚从土里钻出的嫩芽，一天天长大。宝宝的笑像阳光和雨露，打动着你的心扉，即使你累得沉沉睡去，也会在梦里笑出声音，花见花开。

索引 本月内容分类查阅

第31天 第2个月宝宝发育指标

生理指标

满2个月时，男婴体重4.3～6.0千克，身长55.5～60.7厘米；女婴体重4.0～5.4千克，身长54.4～59.2厘米。

养育要点

1.逐步建立起吃、玩、睡的生活规律。

2.尽量多与宝宝说话、唱歌、逗乐，培养良好的亲子感情。让宝宝醒的时候处在快乐中。在不同方位用不同声音训练宝宝的听觉。可以让宝宝俯卧片刻。

3.天气好时带宝宝到室外活动，呼吸新鲜空气，观看周围环境，进行适当的日光浴。

4.悬吊颜色鲜艳、能动的玩具，给宝宝看、触摸、抓握。

发育指标

1.逗引时会微笑；眼睛能够跟着物体在水平方向移动；能够转头寻找声源；俯卧时能抬头片刻，自由地转动头部。

2.手指能自己展开合拢，能在胸前玩，会吸吮拇指。

提示

1.在阳光下晒宝宝屁股，可治疗“红臀”。

2.母亲发烧38℃以上时应停止哺乳，发低烧37.5℃～38℃时可以继续哺乳。

3.别让宝宝过胖。

4.除了夏天外，每天都可以添加三四滴浓缩鱼肝油。

体重：__________千克　　身长：__________厘米

头围：__________厘米　　胸围：__________厘米

身体情况：

预防接种：第1次小儿麻痹糖丸，第2次乙肝疫苗。

第32天 给满月宝宝进行健康检查

满月意味着宝宝结束了28天的新生婴儿期，开始升级进入婴儿期了，因此，满月对宝宝来说是一个重要的转折点，此时最应该做的是对宝宝进行一次健康检查。

进行健康检查的作用

首先，通过健康检查确定体格发育是否正常。满月时宝宝的体重比出生时一般增加600克以上，身长增加3厘米左右。如果发现发育不良，要找出原因。喂养不当往往是主要原因。其次，通过健康检查可以发现宝宝智能发育是否正常，如运动、视觉、触觉、听觉等发育是否正常；最后，通过健康检查能够较早发现某些先天性畸形问题，如斜颈、先天性心脏病、脱肛等。

医生会给宝宝做哪些检查

囟门 就是宝宝头顶前部摸起来软软的地方，检查它的闭合状况。随着头骨的生长，后囟门通常会在6周左右闭合。

臀部 检查大腿骨和骨盆的连接有无松脱，以及两腿的长度是否相同。

眼睛 检查宝宝是否能追视移动的物体。医生还会用眼底镜检查白内障。

心脏 确认宝宝的心率是否正常。

生殖器 如果是男宝宝，医生会检查两侧睾丸是否都落入阴囊。

脊柱和关节 确认宝宝的生长和功能发育是否正常。

宝宝的头部控制，也就是所谓的“肌张力”。

腹部 检查是否有不正常的地方，比如疝气。

另外，医生还会询问宝宝的喂养情况，多久小便一次，大便是什么样的以及他的视觉和听觉如何。

第33天 宝宝需要哪些营养素

宝宝每日营养素的需求量与成人不同，年轻的爸爸妈妈们要根据宝宝身体的发育状况让他们有选择地摄入，新生宝宝所需营养素的摄入情况大概如下表所示。

蛋白质	每日每千克体重约摄取2～3克。母乳中的蛋白质最适合宝宝消化和吸收
脂肪	每日总需求量占总热量的45%～50%。脂肪的优质来源是母乳
糖	每日每千克体重约摄取12克。母乳中的糖为乳糖，最适合新生宝宝消化和吸收

续 表

矿物质	钠	可通过母乳喂养进行吸收，但妈妈哺乳期间饭食不宜吃得太咸，当然也并不是越淡越好，因为新生宝宝生长过程中同样需要一定量的钠盐
	钾	新生宝宝可从母乳和牛乳中获取
	钙	母乳中的钙有50%～70%被新生宝宝吸收
	磷	新生宝宝对磷的吸收一般比较好，不易缺乏
	铁	母乳中铁的含量不高，足月宝宝铁的储存量仅可满足4～6个月的使用。早产儿铁的储备量则更少，只能满足出生后2个月所需，若不及时补充，易出现缺铁性贫血
	锌	新生宝宝一般很少缺锌，无须额外补锌
维生素	健康的新生宝宝很少缺维生素，无须额外补充；如女性妊娠期维生素摄入严重不足、胎盘功能低下或发生早产的情况，新生宝宝则容易缺乏维生素D、维生素C、维生素E和叶酸，这就需要根据新生宝宝维生素的缺乏情况及时给予补充	
水	婴幼儿须每日定时饮水、喝汤以摄取大量的水分。正常婴儿每日水的需求量约在75～100 毫升/千克，但婴儿易发生脱水，因此水的摄取量要足够	
膳食纤维	膳食纤维对肠道排便有重要的调节作用，能够减轻便秘，还可减少肠道中各种有害物质的吸收	

第34天 为宝宝选择四季穿的衣物

夏季

宝宝夏季衣服的面料应该是凉爽轻柔型的，可选用棉布、麻布或丝纺织品，透气性好，利于排汗。最好不要给宝宝穿化纤衣料的衣服。毛织品容易摩擦婴儿娇嫩的皮肤，最好不要贴身穿。

夏季可让宝宝穿棉、麻、丝织品制作的短袖或无袖圆领开襟上衣、开裆短裤、半长的裤子及背心等，这样凉爽透气，又可使宝宝多接触空气及阳光。

夏天炎热时，也可用手帕或方形棉布缝制几个肚兜，用正方形棉布一个角折叠固定后再缝上带子，相邻两个角上分别系上带子，上面带子分别系在宝宝颈部和腹部，使用这种肚兜，既凉快方便，又保护宝宝胸部、腹部不至于受凉。

冬季

冬季衣服应保暖，轻软。面料可选用绒布、棉毛布类等。

棉袄式样仍可选择和尚领，腋下用带子系好，以这种式样可以根据小儿的胸围及里面衣服的多少而随意调节。棉裤最好选择腈纶棉制成的背带连脚开裆裤，以便常洗易干。为防止开裆裤透风，在腰间用带子系一个薄棉屁股帘。棉袄棉裤不宜太大、太厚，这样会影响宝宝活动。棉袄外面罩一件单布罩衣，以方便每天换洗。罩衣式样为无领后面开口系带子，前面还有一个小口袋。内衣仍可穿和尚领的小短衫，也可穿棉织的棉毛衫(和尚领开口衫)、棉毛开裆裤，棉毛裤选择系带子或用背带固定，最好不用松紧带。婴儿外出时可用斗篷包裹，也可准备一件斗篷式棉被。

春秋季

春秋季，宝宝可穿棉织品薄绒衣裤、棉毛衫裤、棉布夹衣裤、棉制的和尚领或娃娃领长袖开襟上衣、开裆裤，还可以穿毛衣毛裤。但是，毛衣毛裤的里面一定要穿棉织内衣裤，并且要把内衣领翻到毛衣领口处，以免毛衣领口摩擦婴儿皮肤。

春秋季可给孩子戴上布制或毛绒织的小帽子，有湿疹的婴儿，最好戴布制的帽子。这一时期的婴儿冬天可不穿鞋子，只穿连脚裤即可。春秋季可穿棉线织的小袜，再穿上软底软帮的布鞋或毛线编织的小软鞋。

另外，婴儿衣服的袖子、裤腿不要过长，应露出婴儿手脚，让其自由活动。衣服上带子要尽量少，扣子要缝结实，避免用金属扣子及拉链，以免划伤婴儿皮肤。

第35天 抱宝宝的正确姿势

这一时期的婴儿，由于颈部和背部肌肉发育还不完善，不能较长时间支撑头的重量。因此，抱婴儿的姿势是很讲究的，关键是要托住婴儿的头部。

抱起宝宝

抱起婴儿前可先用眼神或说话声音逗引，使他注意，一边逗引，一边伸手将他慢慢抱起。抱仰卧的孩子可一手伸至头颈后及背部，另一手从另一侧托住臀部和大腿，让他在你手臂上躺一会儿，使他感到安全舒适，再轻轻将他抱起，使他尽量贴近你的身体，紧紧依偎着你。抱俯卧的婴儿可一手托住婴儿下巴、颈胸，一手从外侧伸入下腹，抓住对侧臀部及大腿，轻轻将婴儿翻过来拥入你怀中。

横抱

可让小婴儿横躺在你前臂上，用手掌托住他背部，手指捏住外侧臀部及大腿根，婴儿的头和颈搁在臂弯处，胸腹近侧靠近母亲胸及上腹部，母亲另一手还可用玩具逗引小儿或做其他事。待婴儿稍长大，则要用两手横抱、一手臂托住婴儿头的枕部和颈背，手掌从背部握住婴儿外侧肩和手臂，另一手从下托住婴儿臀部和双腿，这样横抱婴儿不易滑落。

坐式抱

婴儿从小喜欢看四周人物，坐着竖直抱时显得特别活跃，可逐渐提高横抱婴儿的头颈、上身，使其慢慢习惯上身直立，待婴儿头部能竖直时，可采用坐势怀抱，婴儿臀部及两下肢置于母亲坐着的大腿上，上身坐直，婴儿脸向一侧，用一手臂绕过婴儿颈背握住外侧腋下，将婴儿另一侧肩身紧靠母胸前，坐姿怀抱不仅婴儿可环视四周，尚可母婴对视，进行谈话和逗引。

竖抱

婴儿伏于母亲肩头，将婴儿抱直，胸腹紧贴母亲前胸，一手臂绕背抓住对侧婴儿上肢，小婴儿头尚不能竖稳时可将手掌托住婴儿头和颈，母亲另一手从背后托住婴儿臀部和双腿，撑住全身重量，紧紧抱住婴儿，这样婴儿头靠母肩向后可看见四周人物，又锻炼了头颈部肌肉，训练竖头抬头动作。

抱婴儿既要保护好婴儿，还要抱得舒服，同时要让婴儿有安全感。抱起和放下的动作要慢要轻。

第36天 喂奶的正确姿势

喂奶姿势看似简单，但其中却包含了很多问题，喂奶姿势的正确与否直接关系到宝宝能否健康成长。合适的方法也不容易让妈妈和宝宝感到疲惫。

足球抱法

哺乳前让宝宝躺在妈妈身体的一侧，妈妈用前臂支撑他的背部，再让宝宝的头和颈部枕在手上。

这种姿势适合剖宫产的妈妈，因其对伤口的压力很小，有助于伤口的愈合，妈妈也会感觉到很舒适。妈妈乳房胀满时，这种哺乳姿势还可以有效调整乳房形状。乳房较大的妈妈，也可用这种抱法，因为在哺乳过程中婴儿的胸部可以协助支持乳房的重量。

侧卧抱法

妈妈可以侧卧在床上，让宝宝的头部枕在臂弯上，让宝宝与妈妈面对面，然后调整好乳头和宝宝的位置，尽量让他的小嘴与你的乳头保持水平，用枕头支撑住后背即能开始哺乳。

这种姿势可以使妈妈在哺乳中得到休息，适用于疲惫或身体虚弱的妈妈。痔疮疼痛、会阴切开或撕裂疼痛的妈妈也可以采用这种抱法，可以让哺乳变得更舒适。当然，侧卧抱法也比较适宜剖宫产的妈妈喂奶。

摇篮抱法

新妈妈用手臂的肘关节内侧轻轻支撑住宝宝的头部，让他的腹部紧贴新妈妈的身体，然后用另一只手支撑自己的乳房开始进行哺乳。

这种抱法妈妈容易学会，宝宝吸吮也更便利，感觉非常舒适。

交叉摇篮抱法

交叉摇篮抱法同摇篮抱法的位置大致相同，是用对侧手臂支撑婴儿的颈背部。

这种姿势比用前臂支撑更容易调整宝宝头部的位置，可以更好地调整婴儿吸奶的舒适度。尤其适用于早产儿，对叼牢乳头有困难的宝宝也非常有效。

第37天 给婴儿剪指甲和清理头垢

剪指甲

这一时期的婴儿总是喜欢用手到处乱抓，如果指甲很长，不仅容易藏污纳垢，还很容易将自己的小脸抓破。而且，这段月龄的孩子开始爱上吮手指了，指甲后面的污垢不易洗掉，细菌极易进入体内。因此家长别忘记经常给宝宝剪指甲。

有些家长认为小婴儿指甲不能用剪刀，剪了以后指甲会越长越硬，容易抓伤脸，而应该用手撕。其实这种方法很危险，因为用手撕指甲很难掌握深度，容易撕到指甲床而造成出血、感染。

婴儿的脚趾甲也要经常剪，如果趾甲太长，婴儿乱踢乱蹬时脚趾与裤、袜摩擦，趾甲很容易发生撕裂。婴儿指甲细小、薄嫩，选用指甲刀比较适宜。婴儿爱动，因此给他剪指甲要在他熟睡后。剪时一定要仔细，不能剪得太多，和指头平齐即可，并要修理得光滑平整。

清理头垢

头垢是婴儿出生时头皮上的脂肪与后来头皮分泌的皮脂粘上灰尘而形成的黄色硬痂，留着很不卫生，还会影响婴儿头皮的正常作用。

头垢很厚，跟头皮粘得也很紧，硬剥硬洗容易损伤头皮，引起细菌感染。可用煮熟冷却后的植物油轻轻擦在头垢上，使头垢变软，然后再用肥皂和温水洗净。一次洗不干净，可多洗几次。有的虽然洗得很干净，但以后又长出来，这可能是孩子患了脂溢性皮炎，应该带孩子到医院看皮肤科医生。

第38天 如何给婴儿洗手和脸

此时的宝宝，生长发育迅速，特别容易出汗；手的动作逐渐灵活，喜欢到处乱抓，还常常把手放到嘴里，因此从这一时期开始需经常给婴儿洗手脸。

婴儿要有专用的洗手脸的布（纱布或小毛巾）及盆，并要定期用开水烫一下，洗脸巾可放到太阳下晒干，洗脸的水温不要太热，和体温相近就行。

一般洗的顺序是先洗脸，再洗手。1～3个月婴儿洗脸不需用肥皂，洗手时可适当抹一些婴儿皂。

给小婴儿洗脸时，大人可用左臂把婴儿抱在怀里，或直接让婴儿平躺在床上，也可让他坐在大人的腿上，但头要靠在大人的左臂上，右手用小毛巾蘸水轻轻擦洗，先洗眼睛，以拧干的毛巾一角由眼睛内侧往外侧擦拭，再取毛巾的另一角以相同的方式擦另一眼，再轻拭鼻、眼与耳廓。注意不要把水弄到婴儿眼、耳、鼻、口中，洗完后要用洗脸巾轻轻沾去婴儿脸上的水，不能用力擦。

另外小婴儿喜欢握紧拳头，因此洗手时要先轻轻扒开，手心手背都要洗，洗干净后再用毛巾擦干。

给婴儿洗手脸时，动作要轻柔，因为婴儿皮肤细嫩，皮下血管丰富，容易受损伤并发炎。

亲子小游戏

一动就响

妈妈用一宽布条，一端系在能发声响的玩具上，一端系在孩子的裤腿上。然后将玩具吊在床上方，孩子腿一动，玩具就发出声响。

目的：激发孩子的自我意识。

第39天 如何给婴儿洗头

孩子的新陈代谢旺盛，头部分泌物多，易出汗，所以，需要经常给他洗头。

为婴儿洗头要轻揉，因为婴儿头发非常细软，比粗壮的头发更容易蓬乱或缠结。为此，要经常给婴儿洗头，而不能梳头。婴儿的自然发式似乎是一种头发有点儿竖立的蓬松类型。所以喜欢给婴儿刷头发的母亲，要尽可能使用刷毛最柔软、最纤细的婴儿发刷。也可以轻轻地抚摩头发，尽量不要刷头皮。因为过多地刷头发会损伤发丝外皮，而使劲地刷头皮也会损伤头皮。婴儿不宜使用成人发梳，一定要用柔软的幼儿发梳。

在孩子不会坐之前，洗头洗澡可以一次完成。这时，洗头是采用仰卧的姿势，先用清水将头发打湿，再用一点点婴儿洗发露轻轻地揉搓（大人不能有长指甲）。洗囟门时动作稍微轻一点，以洗干净为原则，不要害怕会弄伤孩子，囟门上那一层皮膜具有天生的保护作用，只要动作轻点就不会有问题。

孩子会坐之后，可以给孩子干洗。干洗时，先在孩子脖子上围一条干毛巾，准备好一盆水，水温要适宜。大人将洗发露挤一点于掌心，另一只手在水中浸一下，再双手对搓，将洗发露化解开，产生泡泡后，抹在孩子头发上。然后轻轻揉搓，直至干净了，大人再坐下来，让孩子仰卧在腿上，头部稍稍向下倾斜，角度不能太低，否则孩子会有不适感（可准备一个高度适宜的小凳，将水盆放在上面垫高）。再将孩子的头放在水盆中清洗，第一遍洗完后稍稍擦干，再换一盆水，完全清洗干净后，用围在脖子上的干毛巾将孩子头上的水分擦干。清洗的时候注意不要让水流入孩子眼内和耳内。

育儿箴言

母爱是人世间最神圣、最伟大的感情。

第40天 怎样护理好宝宝的皮肤

初生婴儿皮肤较薄，容易吸收外物，对于同样量的洗护用品中的化学物质，宝宝皮肤的吸收量要比成人多，同时，对过敏物质或毒性物的反应也强烈得多。所以，妈妈一定要注意保护好宝宝的皮肤。

选择合适的洗护用品

1.一定要选择婴儿专用的洗护用品。

2.使用时千万注意每次使用的剂量不宜过大。

仔细选择与皮肤接触的日用品

1.选用纯棉、柔软、易吸水的贴身衣物和尿布。

2.衣物和尿布要用弱碱性肥皂清洗。

3.选用细腻优质的婴儿爽身粉。

选择专用护肤品

1.选择和使用不含香料、酒精的婴儿专用润肤品。

2.和宝宝经常接触的成人，最好与宝宝使用同样的婴儿润肤品。

3.不要随意更换婴儿护肤品品牌。同时，选择婴儿护肤品，要注意地区差别。在南方一些地区，气候本身就很湿润，甚至可以不用护肤品；而在北方，气候干燥、风沙大，则要注意婴儿皮肤的保湿护理。婴幼儿护肤品有润肤露、润肤霜和润肤油三种类型。

润肤露 含有天然滋润成分，能有效滋润宝宝皮肤。

润肤霜 含有保湿因子，是秋冬季节宝宝最常使用的护肤品。

润肤油 含有天然矿物油，能够预防皮肤干裂，滋润皮肤的效果更好。

宝宝更需要防晒

1.阳光有利于宝宝的健康，并且可以预防佝偻病，但过分强烈的紫外线会损伤宝宝肌肤中的天然组织。因此，宝宝不能过度暴露在阳光下。

2.宝宝外出时，需要涂抹婴儿专用的防晒剂。

注意冷暖保护皮肤

1.不要给宝宝穿戴得太多，被褥也应厚薄适中，即使是在寒冷的冬天也不要包裹得太严实。

2.如果宝宝有汗湿现象，应及时用柔软的干毛巾擦拭。

亲子小游戏

踢被子

宝宝比较好动，将他仰卧在床，他会两腿轮番踢，好似踏三轮车。妈妈可在孩子身上放小薄毯，让孩子踢，踢掉再放上，反复踢。孩子会高兴得手舞足蹈，活动全身。玩时妈妈不要离开，防止孩子将毯子盖在头上。

目的：训练下肢运动。

第41天 及早给宝宝看黑白图片

宝宝在一片漆黑的子宫里整整待了十个月，出生后，看东西距离20厘米左右，对黑白的东西比较感兴趣。宝宝在0～3个月看黑白图片不仅能促进其视力发育，还能对宝宝进行早期智力开发。

怎样给宝宝看黑白图片

给宝宝看黑白图片，对比度较大，容易引起宝宝的注意力。

爸爸妈妈在宝宝出生后，或者在宝宝出生前，提前准备7幅黑白图片，一张是爸爸，一张是妈妈，其余的可以是同心圆、黑白方格、斜纹、波浪纹、电子琴键盘，用A4或B5纸打印出来即可。

妈妈的黑白图片可以放在宝宝床护栏内侧距离眼睛20厘米处，宝宝每天醒来可以注意到。妈妈可以记录宝宝第一次看的时间，每天连续看的时间，坚持一周左右。宝宝看的时间缩短，可以换上爸爸的黑白图片。其他图片依此类推。

怎样才能辨别宝宝是否有了观察熟悉事物的能力呢？妈妈可以将自己的照片再挂到宝宝床边，宝宝偶尔看一眼或看几秒就眨眼或视线偏离。当妈妈挂上同心圆或其他新图片时，宝宝能看一分钟左右就可以说明宝宝有观察熟悉事物的能力了。

在宝宝熟悉看黑白图片后，可以试着让宝宝看一些彩色图片。

黑白卡片举例

现在市面上买的关于黑白卡片的书很多，妈妈可以买回来给宝宝看看，下面我们为妈妈放上几张图片作为例子。

第42天 如何让宝宝获得良好睡眠

充足的睡眠对婴儿的生长发育至关重要。婴儿时期由于小神经细胞的功能还不健全，容易疲劳，而睡眠是对大脑皮层的保护性抑制措施，通过睡眠使得神经细胞中的能量得到恢复和储备，让大脑得到休息。睡眠不足的婴儿会哭闹不止，烦躁不安，食欲欠佳，体重下降。

认识婴幼儿的睡眠形态

从出生到成年，孩子每天所需的睡眠时间（日夜合计）随着年龄增长而递减。即：出生一周时，需要16.5小时（夜8.5小时、日8小时）、满月时需15.5小时（夜8.5小时、日7小时），两岁时需13小时（夜11.5小时、日1.5小时），3岁时需12小时（夜11小时、日1小时）……到18岁时为8.2小时。

亲子同房分床睡

很多妈妈觉得“母婴同床”方便喂奶与安抚宝宝，但小婴儿容易受成人睡眠时的翻身、上下床、掀被、说话等活动的干扰，而中断睡眠。所以，最好为宝宝准备一张属于他的床，为日后养成良好的睡眠习惯奠定基础。

控制光线配合睡眠周期

新生儿的睡眠是4小时一个循环，因此，喂奶时间定为4小时一次。喂奶时应开灯，适当的视觉刺激让宝宝清醒、精力充沛、吸吮有力，多看多听会有助于脑部发育；当宝宝闹着想睡时，应关灯，帮助他的脑细胞从亢奋状态缓和下来。

让宝宝尝试自我安抚

1～3个月大的婴儿，睡眠与意识清醒的周期循环，逐渐由4小时转成24小时，他们白天的清醒状态维持较长，而夜晚则睡得较长。到3个月大时，婴儿可能整晚处于睡眠状态。所以3个月以上的婴儿夜间哭了，父母不要急着去安抚他，给他时间，让他自己试着通过吸手指、嗅毛毯等，调整神经生理状态，再度入睡。

创造良好的睡眠环境

如灯光要柔和，家人说话要轻，室内温度要适宜，衣服要少穿，被子不要盖得太厚。

养成良好的睡眠习惯

◆ 按时睡觉，不要因玩耍破坏睡眠规律。

◆ 睡前不要过分逗玩孩子，不要让他太兴奋而难以入睡。

◆ 要培养孩子自己在床上睡眠的习惯，不要由妈妈拍着、哼着小调入睡后再放到床上。

育儿箴言

如果你懂得了孩子的语言，他们会与你更亲近。因为你这里有他需要的帮助，他会对你产生异样的亲切感。

第43天 教宝宝练习抬头

2个多月的宝宝可以俯卧，出于本能，宝宝还会自己挣扎使面部转向一侧。但宝宝俯卧时，头还不能自己抬起来。妈妈可以在宝宝俯卧时，每天让宝宝练习1~2分钟，到了3个月宝宝的头就会竖起来了。

宝宝每学会一个动作都能促进其神经系统的发育。妈妈正确、科学地训练宝宝练习抬头，可促进宝宝大脑发育，使宝宝更聪明。

训练宝宝抬头，需要宝宝在清醒、喂奶前1小时进行（避免宝宝因太饱而呕吐）。

床面平坦、舒适，妈妈把宝宝放成俯卧姿势，趴在床上。妈妈用色彩鲜艳的摇铃在前面逗引宝宝，让宝宝伸手去拿，宝宝就会努力抬头。

抬头的动作从抬起头与床面成45°到90°，到3个月时能稳定地抬起90°。

妈妈看宝宝能坚持抬头1分钟时，可以将玩具从宝宝的眼前慢慢移动到头部的左边，再慢慢地移到宝宝头部的右边，让宝宝的头随着玩具的方向转。每次训练10秒钟，逐渐延长，每天练习1~2次，每次俯卧时间不宜超过1分钟。

妈妈平时可以将宝宝竖起来抱，每天2次，最初10秒左右，再逐渐延长时间。妈妈要托着宝宝的颈部，避免弄伤宝宝。开始时，妈妈可以让宝宝紧贴妈妈的肩膀，宝宝想看外面的东西，就会主动地抬头。

亲子小游戏

抬头

让宝宝趴在大床上，妈妈与他头顶头趴下。妈妈拉住孩子的小手抚摸，孩子抬起头来看妈妈，妈妈对他微笑并说话。孩子抬头片刻就累了，可休息一下再玩，玩的时间几分钟即可。

目的：练习俯卧抬头。

育儿箴言

不要让孩子去和别人比，帮助他们发挥自己的能力就足够了。比较越多，自我否定就会越多。

第44天 奶水不足如何"催奶"

哺乳初期，新妈妈往往会出现乳汁不足的现象，宝宝也会因此不断地哭闹。其实乳汁不足的原因很多，新妈妈应根据不同情况采取相应的措施，这样才能取得令人满意的效果。

母乳不足的原因及相应对策

导致因素	原因分析	相应对策
精神、心理原因	分娩时过度紧张；家属对宝宝不满而感到委屈；宝宝早产、难产，过于忧虑宝宝的健康；其他社会心理刺激造成的精神负担等，这些因素都可引起乳汁不足或乳汁分泌晚	家人应帮新妈妈解除精神负担，及早让婴儿吮吸乳头、刺激乳房，使乳房及时分泌乳汁
授乳方法不当	错误的喂奶方法引起乳汁不足	新妈妈应学会如何帮助宝宝正常吸奶
准妈妈身体原因	新妈妈身体素质较差，如乳房发育不良、身体患病，或是贫血、气血不足都可能引起乳汁不足	从饮食、运动、心理等各个方面提高身体素质

其他的催乳方法

按摩法

用干净的毛巾蘸些温水，由乳头中心往乳晕方向呈环形擦拭，两侧轮流热敷，每侧各15分钟，同时配合下面这些按摩方法。

环形按摩 双手放在乳房的上、下方，以环形方向按摩整个乳房。

螺旋形按摩 一只手托住乳房，另一只手食指和中指以螺旋状向乳头方向按摩。

指压式按摩 双手张开放在乳房两侧，由乳房向乳头挤压。

乳头矫正法

将左手或右手的食指及拇指放在乳晕两旁，先往下压，再向两旁推开；或是以乳头为中心点，采取左右、上下对称的方式按摩，这种方法能使乳头较易突出。

外敷法

用热水或葱汤熏洗乳房；取鲜蓖麻叶20克，清水400毫升，小火煎服150毫升，趁热用布浸湿后敷乳。

第45天 哺乳时应注意哪些问题

哺乳的姿势要正确

哺乳的姿势要使妈妈和宝宝感到舒适，才能充分享受哺乳的满足。哺乳时需要尽量放松自己，尝试采用卧位和坐位。

取卧位喂奶时，应将宝宝置于身体的一侧，然后面朝宝宝侧卧，以奶头触及宝宝嘴唇为好，为了便于喂奶，母亲可以用枕头或手肘将上身支起一个最适宜的角度。

坐着喂奶时，可以把宝宝放在腿上，喂奶侧的一条腿用凳子垫高些，以方便把宝宝斜抱在怀里。

正确的喂奶方法

哺乳时一定要把乳头和乳晕的大部分放在宝宝的口中。贮存乳汁的乳窦紧贴乳晕下面围成一圈，每个乳窦上都有一细管与乳头的若干小出口相连，宝宝就靠牙床对乳窦的挤压吸吮到乳汁，光靠叼住奶头吸吮是不可能吸到乳汁的。而且宝宝为了能吸到乳汁而拼命咀嚼乳头，会令妈妈感到钻心的疼痛，乳头也容易裂开。因此，正确的喂奶方法可以保护乳头不受伤。

如果母亲的乳房充盈过度使乳晕变得扁平而坚硬，母亲应该先将乳汁挤掉一些，使乳晕区变得柔软有伸缩性，再给宝宝吮吸。否则，宝宝会叼住乳头咬来嚼去，使母亲疼痛难耐。

对于特殊乳房，例如悬垂乳、平坦乳、大乳头、乳头内陷的哺乳方法，请具体咨询专业医生。

两侧乳房要轮流喂

喂奶时，两侧乳房要轮流喂。如果这次喂奶先喂左侧乳房，那么，记住下次就应先喂右侧乳房。而且，每次喂奶都要尽量保证有一侧乳房被完全吸空，这样才能使乳汁源源不断地产生，顺利地进行母乳喂养。

喂完奶后要拍嗝并滋润乳头

喂奶后别忘了抱直宝宝轻拍其背，让宝宝打个“嗝”；这时母亲一定要记得挤出剩余乳汁，并用少量乳汁均匀地涂在乳头上，让其自然干燥，保护乳头皮肤。

第46天 哪些情况不宜哺乳

妈妈患有乳房疾病

妈妈如果患有严重的乳头皲裂、急性乳腺炎、乳房脓肿等，则不宜哺乳。

妈妈患有全身性疾病

包括心功能III～IV级患者或孕前有心衰史者，肾功能中度及重度不全者，高血压患者，造成心肾功能不全或应用某些药物对婴儿有影响者，糖尿病病情较重、血糖控制不佳及需要胰岛素治疗者，甲亢患者等。另外，甲型肝炎急性期暂缓哺乳，乙型肝炎e抗原阳性的母亲不宜哺乳，单纯表面抗原阳性者不必禁止哺乳；艾滋病病毒感染者原则上不宜哺乳；癫痫病、急性传染性疾病、过敏性疾病、梅毒感染以及结核病活动期患者不宜哺乳。

情绪不佳

妈妈在焦虑抑郁、烦恼生气时不宜哺乳。

婴儿患有某些疾病

如半乳糖血症、苯丙酮尿症等，应禁止母乳喂养；单纯疱疹可引起婴儿口腔创伤和其他病症，应暂停哺乳。

亲子小游戏

抓一抓

大人将玩具放在孩子胸前，他就能抓握住，但他还不会玩，很快松开手，玩具滚到一边。大人再给他放在胸前。

目的：训练抓握。

第47天 部分母乳喂养和人工喂养

部分母乳喂养

母乳喂养的婴儿，体重增长不理想时则提示母乳不足，此时应选用配方奶或其他代乳品加以补充，叫做部分母乳喂养，亦称混合喂养。混合喂养比人工喂养好，但不如纯母乳喂养，由于使用奶瓶奶嘴，会使婴儿产生乳头错觉，而不愿吸吮母亲乳头。

母乳分泌量不足时，首先尽量设法增加乳汁分泌（如保证营养与睡眠充足，必要时进行催乳治疗），不应轻易改为部分母乳喂养。

母乳确实不足又无法改善时，才不得不实行部分母乳喂养。一般应力争母乳喂养到4个月后才改为部分母乳喂养或人工喂养。

混合喂养时一般是先喂母乳，再喂牛奶。乳房排空后能刺激母乳的再分泌和增加乳量。开始时可不限制加喂牛奶的量，任婴儿吃，直到满足其食欲，然后观察婴儿大便情况，再作调整。

若白天上班无法喂奶，可以喂配方奶代替母乳，但每天喂哺母乳不宜少于3次，否则，母乳分泌有迅速减少的可能。

人工喂养

母亲因疾病或其他原因不能哺乳，全部用其他奶类或代乳品喂养婴儿，称人工喂养。人工喂养常选用牛奶、羊奶和奶粉。目前配方奶粉很多，适用于不同月龄的婴儿。

配方奶粉调整了牛奶中的某些成分，减少酪蛋白、无机盐含量，更适合于婴儿的消化和处理；添加了一些重要营养素使营养成分尽量接近于“人乳”，可供不同月龄婴儿选用。羊乳中叶酸含量少，长期喂羊乳易发生巨幼红细胞性贫血，所以需添加叶酸。

第48天 人工喂养宝宝的四个要点

新妈妈因各种原因不能喂哺婴儿时，可选用牛、羊乳，或其他代乳品喂养婴儿。但不要轻易放弃母乳喂养，应尽量鼓励母乳喂养至少到新生儿6个月，尤其是要让新生儿吃到新妈妈最初一周内的初乳。

牛奶喂养

牛奶含有比母乳高3倍的蛋白质和钙，虽然营养丰富，但不适合婴儿的消化能力。牛奶中含乳糖较少，喂哺时应加5%～8%糖，矿物质成分较高，不仅使胃酸下降，而且加重肾脏负荷，不利于新生儿、早产儿、肾功能较差的婴儿。所以牛奶需要经过稀释、煮沸、加糖3个步骤来调整其缺点。

出生后1～2周的新生儿可先喂2：1牛奶，即鲜奶2份加1份水，以后逐渐增加浓度，吃3：1至4：1的牛奶到满月后，如果孩子消化能力好，大便正常，可直接喂哺全奶。

奶量的计算：婴儿每日需要的能量为100～120千卡/千克，需水分150毫升/千克。100毫升牛奶加8%的糖可供给能量100千卡。

羊奶喂养

羊奶含蛋白质与脂肪稍多，尤以白蛋白为高，故凝块细，脂肪球也小，易消化。由于羊奶中叶酸含量低，维生素B_{12}也少，所以羊奶喂养的孩子应添加叶酸和维生素B_{12}，否则可引起巨幼红细胞性贫血。

混合喂养

母乳喂养的同时也可使用代乳品喂养婴儿。主要是母乳分泌不足或因其他原因不能完全母乳喂养时可选择这种方式。混合喂养可在每次母乳喂养后补充母乳的不足部分，也可在一天中1次或数次完全用代乳品喂养。但应注意的是母亲不要因母乳不足而放弃母乳喂养，至少坚持母乳喂养婴儿6个月后再完全使用代乳品。混合喂养比单纯人工喂养好，更有利于婴儿健康成长。

添加鱼肝油

不论是母乳喂养还是人工喂养的宝宝，如果出生后没有注射过维生素D，在孩子3～4周时应及时添加鱼肝油，以防止发生佝偻病。鱼肝油有两类，一类是普通鱼肝油，每毫升含维生素D_5千国际单位、维生素A_5万国际单位，这种鱼肝油长期服用会出现维生素A中毒；另一类是新型鱼肝油，它减少了维生素A的含量，降低了维生素A中毒的可能性。不管哪种鱼肝油都不宜长期服用，因为一旦发生中毒，孩子并无特异性症状，不易早期发现。

育儿箴言

如果不给孩子提供帮助，如果忽视他的环境，那他的精神生命将会处于持续的危险之中。

第49天 给宝宝喂配方奶的正确方法

冲调奶粉，浓度是关键

正确的冲调方法是将定量40℃～60℃的温开水倒入消毒过的奶瓶内，再加入适当比例的奶粉。

1.先将自来水煮沸1～2分钟，时间不要太长，因为煮沸时间超过5分钟，可能会使水中的铅和硝酸盐浓缩。

2.把水晾凉至适当的温度（40℃～60℃），将水滴至你的手腕内侧，感觉与体温差不多即可。

3.根据要泡的奶量，取准备好的40℃～60℃的热水2/3量倒入奶瓶中。用配方奶粉加带的刻度勺取精确分量的配方奶粉，勺里奶粉表面与勺齐平。把适量奶粉加入奶瓶中晃动，让配方奶粉充分混合均匀，不要结块。然后将剩余1/3的热水加入奶瓶中，把奶瓶放平，通过刻度察看是否够量，最后盖上奶瓶盖后再轻轻晃动一次，直至配方奶粉彻底混合均匀。这样，一瓶浓度刚刚好的奶就调配完毕了。

很多家长给婴儿冲奶粉都是稀薄，浓度不够，这样会使婴儿患营养不良等疾病，而影响其生长发育。按照我们给您的方法，进行冲调，浓度味道就会刚刚好。

给宝宝喂奶的小方法

1.在喂奶之前，爸爸妈妈要先把准备工作做好。将冲调好的配方奶滴几滴在自己的手腕背部试试温度，确保奶温热，但不要太烫。

2.准备喂奶时，妈妈要先将宝宝轻柔地抱起，解开或掀起自己的上衣，让宝宝贴近妈妈的胸，让宝宝和妈妈充分享受肌肤之亲。妈妈要望着宝宝的眼睛，在用奶瓶喂宝宝之前，轻柔地和宝宝说话、微笑，这些都有助于增进宝宝和妈妈之间的感情，在一切准备工作都做好之后，稍倾斜抱住宝宝，保持奶瓶倾斜，让奶嘴中充满奶，开始给宝宝喂奶。

3.当宝宝吃够了奶以后，妈妈要将宝宝竖起，宝宝头靠在妈妈肩部，轻轻地拍拍宝宝的背部，帮助宝宝排放在吃奶过程中进入胃里的气体，防止宝宝胀气和溢奶。

在没有母乳的情况下，喂婴儿奶粉只是一种权宜之计，如果可能，还是喂新鲜牛乳较为妥当，当然，您也要随时注意给婴儿补充维生素，一些新鲜的蔬菜水果榨成汁，都是不错的选择。

第50天 喂牛奶有哪些误区

由于奶嘴比母亲的乳头更容易吸吮，费劲小，吃起来痛快，大多数的新生儿很容易接受奶瓶。但是，用牛奶喂养婴儿时还是经常会遇到一些问题。

太在乎剩余的奶

婴儿的食量不是固定不变的，往往每餐吃的量不一样，这样，奶瓶中经常会有吃不完的奶，节俭的妈妈会认为倒掉剩余的奶太可惜。倒掉剩余的奶虽然浪费，但也绝不能留到下顿再喂，因为热过的牛奶特别容易滋生细菌。另外，喂奶的时间最好在半小时之内，最多也不要超过一个小时。

没有完成定量可不行

如果有一天宝宝吃得少了，有的妈妈会采取强喂硬灌，希望宝宝多吃一点。其实，即使成人也无法每餐都吃下相同的量的饭，这样的妈妈也是太过分了。

既然爱孩子，对孩子就要宽容些，强灌只会让孩子感到吃奶不再是享受，而成了一种压力，逐渐孩子就会对吃奶失去兴趣，从而使喂奶陷入困境。

不会判断孩子的食量

在食量问题上，应该相信孩子会根据自身的需求来调节食量，当然，也不是说孩子一停嘴就拿走奶瓶，因为，有时候孩子吃得累了也需要休息一下。如果，过一会再把奶头放入口里孩子仍然没有反应，那说明孩子已吃饱了。

羡慕别家孩子吃的多

有的父母认为孩子的食量大会长得更健康，所以就会特别羡慕别人家的孩子能吃。其实，孩子与成人一样，食量是因人而异的，食量小的，每次吃下不到100毫升的奶就够了，食量大的小儿每次要吃到120～150毫升才够，这两种情况都属于正常。

喂完奶后，一定要将剩余的奶倒掉，洗好奶瓶后消毒。千万不要将吃剩的奶留到下顿喂孩子。

第51天 如何纠正宝宝乳头错觉

“乳头错觉”是指小儿出生后早期进行了哺乳前喂养而出现了不肯吸吮母乳，造成了喂奶困难。

临床上，新生儿可由于各种原因产生乳头错觉，虽然为觅食反射强烈，但触及母亲乳头即哭闹拒食；有的烦躁不安，或触及乳头即撮口吸吮致含接困难，或嘴张大但不含接乳汁流入。

乳头错觉一旦产生，产妇也会感到苦恼焦虑，这种体验让母亲感到受抵制和受挫折，动摇母乳喂养的信心，所以应尽早纠正。

乳头错觉的纠正，要在婴儿不甚饥饿或未哭闹前指导母乳喂养，可通过换尿布、变换体位、抚摸等方法使婴儿清醒，产妇以采取坐位哺乳姿势为佳，可使乳房下垂易于含接。

对扁平内陷乳头，在吸吮前做好乳房护理，采用乳头伸展法、负压吸引法等拉开并离断与内陷乳头“绑”在一起的纤维，使乳头向外突出后尽快让婴儿含接。

对张嘴待乳汁流入再吞咽或触及乳头即哭闹的婴儿，采取先挤出少许乳汁至婴儿口中，在吞咽时一般会产生闭嘴吸吮动作；也可一人协助含接、一人用小匙将少许乳汁或水顺乳晕流向乳头至婴儿口中，诱发吞咽反射使吸吮成功。

撮口吸吮多因用小匙喂养引起，乳房触及口唇时嘴不张大，出现闭嘴吸吮动作，有时发出很响的抽吸咂嘴声。我们采取轻弹足底，在婴儿张嘴欲哭时，将乳头及大部分乳晕迅速放入其口中，使婴儿产生有效吸吮。

亲子小游戏

用脚蹬

将一块厚纸板或三合板用松紧带系在小床栏上，将板触到孩子脚底，让孩子用脚蹬。蹬后板弹回，触到孩子腿他会再蹬。

目的：腿部锻炼。

第52天 开始给宝宝补充维生素

维生素是一种营养素，虽不能供给能量，需要量极少，却是维持人体生理功能不可或缺的重要物质。如果孕妇在妊娠期间没有服用多种维生素制剂，婴儿体内的维生素储备就有可能不足，所以应提前补充维生素。一般孩子出生15天后，每天补充一次复合维生素是比较安全的。

维生素D的补充

佝偻病是一种骨骼发育不良的疾病，是由维生素D不足引起的。如果人体接触紫外线，皮肤就会合成维生素D，但新生儿一般不晒太阳，所以接触不到紫外线。因此在新生儿出生3周后应每天补充400国际单位维生素D。特别是早产儿，若出生时体重在2000克左右，由于其在母体中吸收的维生素极少，更应在出生后2周开始补充维生素。

维生素C的补充

坏血病是一种身体各处出血的疾病。是由于维生素C摄入不足引起的。妈妈在哺乳期间，只要妈妈进食一定量的水果，就不会引起维生素C缺乏。在人工喂养时，因为需要用热水冲奶粉，所以也会损失一部分维生素C。因此，新生儿出生后2～3周后应每天补充25毫克维生素C（相当于50毫升橘子汁）。

维生素B的补充

维生素B不足会引起脚气病。婴儿每天需要0.5毫克的维生素B。如果妈妈不喜欢吃麦片、面条等面食，而只吃精面米，或是以方便食品为主食，婴儿就会出现“脚气症”。所以，哺乳期的女性应多吃些粗粮和面食等。由于哺乳期的女性膳食中维生素B的量无法确定，所以预防性地给予婴儿每天0.5毫克的维生素B是比较安全的。

维生素A的补充

维生素A不足眼角膜就会干涩，甚至可导致失明。母乳中维生素A含量较高，母乳喂养的婴儿可以不补充维生素A。牛奶中含有维生素A，而且维生素A耐热，即使经过消毒，维生素A也不会破坏掉。所以，一般说来，无论是母乳喂养还是用牛奶人工喂养的婴儿，都不需要特别补充维生素A。

第53天 如何选择奶瓶和奶嘴

无论怎样想办法，母乳都不足的时候，可以用牛奶来代替，这时候就要注意奶嘴和奶瓶的选择。

奶嘴的软硬程度

选择奶嘴时，橡皮奶头不宜过硬和过软。过硬小婴儿吸不动；过软奶头会因吸吮时的负压而粘在一起，吸不出奶。尽量选用与妈妈的乳头相似的奶嘴是一个办法。

奶嘴的材料选择

对不喜欢橡胶味的宝宝，可以换成硅胶做成的奶嘴。

奶嘴的开口方式

市售的奶嘴有两种开口方式，小洞洞和十字叉。专家提醒，奶嘴上留有一个洞口，给细菌的侵入开了方便之门。而十字叉的开口不用时处于封闭状态，挡住了细菌的入侵。婴儿吮吸时，十字叉能依宝宝的吸吮力量大小而开合，起到调节进食流量的作用。

奶嘴孔的大小

奶嘴孔的大小以奶瓶倒立时，奶以滴状连续流出为宜。喝水的奶嘴孔一般小于喂奶的奶嘴孔，应用时应区分清楚。过大的奶嘴孔在婴儿吸吮的时候过急会引起呛奶，过小的奶嘴孔会让宝宝在吃奶的时候费劲。

奶瓶最好用玻璃瓶

玻璃奶瓶内壁光滑，容易清洗和煮沸消毒，吃奶时容易观察液面，可避免宝宝进食时奶头部未充满乳汁导致吸入过多的空气而引起溢奶。奶瓶最好带帽，可避免消毒过后的奶瓶再次污染。应多准备几个奶瓶，用过的奶瓶一定要洗净，煮沸消毒20分钟以上才可以用，否则会因奶瓶或奶嘴清洁不彻底，细菌繁殖而引起婴儿消化道感染。

第54天 夜间喂奶的注意事项

婴儿在还没有形成一定的生活规律时，常常需要母亲夜间喂奶，这样会影响父母的正常休息。夜晚是睡觉的时间，母亲在半梦半醒之间给宝宝喂奶很容易发生意外，所以夜间喂奶要多注意。

别让宝宝含着奶头睡觉

含着奶头睡觉，既影响宝宝睡眠，也不易养成良好的吃奶习惯，而且容易造成窒息。

正确做法 哺乳结束后，可以抱起宝宝在房间内走动；也可以让宝宝听妈妈心脏的跳动，或者是哼几曲小调让宝宝快速进入梦乡。

母乳喂养应得当

有些妈妈喜欢躺着给宝宝喂奶，这样是很危险的。因为哺乳期的妈妈都感到疲乏，夜间躺着喂奶时很容易睡着，此时宝宝容易出现溢奶或鼻孔被乳房堵住发生窒息。

正确做法 妈妈一定要坐起来给宝宝喂奶。喂完奶后应竖直抱起宝宝，让宝宝趴在妈妈肩头，轻拍其背部，排出吞入的空气，这样可防止宝宝仰睡时溢奶而导致窒息。

避免宝宝着凉

许多宝宝夜间喂奶时，很容易感冒，其实只要妈妈多留心，完全可以杜绝此类现象的发生。

正确做法 妈妈在给宝宝喂奶前，要关上窗户，准备好一条较厚的毛毯，将宝宝裹好；喂奶时，不要让宝宝四肢过度伸出袖口；喂奶后，不要过早将宝宝抱入被窝，以免骤冷骤热增加感冒几率。

提倡按需喂养

夜里是不需要准点喂奶的，如果宝宝熟睡未醒，可以延长喂奶的时间间隔。宝宝每次醒来，应先判断是不是饿了，而不是马上喂奶。

正确做法 如果宝宝不饿，可以通过抱、拍、换尿布等来分散宝宝的注意力，也可以让宝宝触摸妈妈的乳房，获得一些安全感。

慢慢调整夜间授乳的习惯

宝宝如果有夜间吃奶的习惯，就很难改变。有些宝宝，10个月仍然要吃夜奶，这种习惯就更难改了，所以妈妈要在早期使宝宝逐渐形成正常的生活习惯。

正确做法 一般情况下，宝宝6个月后，尽可能让宝宝在早上6点吃第一次奶，夜间10点吃当天的最后一次奶，保证宝宝最后一次尽量吃饱。如果母乳不够，可在最后授乳时增加一点牛奶，然后入睡。这样母子都能得到充足的睡眠。

第55天 户外活动时需注意什么

户外活动的好处

新鲜空气中的氧气多，可以提高呼吸功能和抗病能力，经常进行户外活动，可增加婴儿对冷空气的适应能力，提高机体免疫力，减少呼吸道疾病的发生。

户外活动的注意事项

1.带着宝宝出行，一定要选择有阳光或天气比较暖和的时候。宝宝的抵抗力比大人要弱，温度太低容易使宝宝受凉生病。

2.离家较近的公园是不错的选择。空气清新，环境优美，还可以免除来回奔波之苦。就算如果宝宝临时有什么需要，也能及时回家。

3.不要到人口聚集处，比如商场、电影院、游乐园等地，既通风不好，又人多嘈杂，还难免有病人或带菌者。抵抗力弱的宝宝很容易被感染上。

4.出门前准备好必需的宝宝用品，例如牛奶、小勺、带吸管的口杯、尿布、备换的贴身衣物、婴儿专用湿巾、安抚奶嘴等。

5.不要给宝宝穿得太多，幼小的宝宝神经系统尚未发育完善，比较容易出汗，户外活动时尤甚。如果宝宝汗湿了衣服，很容易着凉感冒。判断宝宝穿得是否合适，可经常摸摸他的小手和小脚，如果是温热的就可以了。

6.夏天婴儿只穿背心即可。每日活动3～4次，每次20～30分钟。冬天可先在室内开窗，然后在保暖情况下到户外，户外活动时仅暴露出小脸、手部，抱到背风向阳处2～5分钟，每日1～2次。

7.外出活动要及时给孩子补充水分，最好是温开水。因为宝宝的体重70%是水分，并且新陈代谢得很快，如果不及时补充水分，宝宝流汗过多，容易脱水。

8.如果是在夏天，避免紫外线灼伤宝宝娇嫩的肌肤，还要给宝宝戴上遮阳帽，不要让阳光直接暴晒。如果使用婴儿推车，请撑开遮阳篷来挡住阳光。

9.婴儿推车最好有透气窗的遮阳篷，让宝宝在散步时也能感受自然风的吹拂。带宝宝活动一会儿后，可以到树荫下，用纱布或湿纸巾仔细擦干宝宝容易出汗的下巴、手肘、膝盖关节等部位。

10.在树下玩时要注意树上的虫子、鸟粪、虫粪可能会掉到宝宝身上，要避免户外的蚊虫叮咬。回到家，别忘记洗个澡。

亲子小游戏

听见了吗

用小铁盒或塑料盒装绿豆数颗，当宝宝睡醒高兴时，在他身后30厘米处摇动，发出声响，看宝宝有无反应。若宝宝听力正常，可有相应的面部反应。如无反应，可重复几次，仍无反应，应请医生检查。

目的：检查听力。

第56天 婴儿可以进行日光浴吗

日光浴可促进婴儿的血液循环。阳光中的紫外线照射皮肤，可促使皮肤合成维生素D，利于钙质吸收，可以预防和治疗佝偻病。日光浴对机体的作用较空气浴强，进行日光浴时必须注意小儿的反应，在开始日光浴前可先进行空气浴7～10天，待小儿适应户外环境后再进行。

怎样进行日光浴

根据婴儿的身体情况，一般可从生后2个月左右开始日光浴。开始时可在气温高于20℃时进行，在风和日丽的天气里，每天最好是在上午9～11点或下午3～5点，抱婴儿出去晒太阳。尽量让婴儿少穿衣服。开始先晒手和脸，每日1～2次，每次5～10分钟。以后逐渐让婴儿身体更多的部分暴露在外面晒太阳，时间逐渐延长至每日1小时。

日光浴时的注意事项

1.不要让阳光直射在头部和脸部。要戴上帽子遮阳，特别要注意保护好眼睛。

2.在室内做日光浴时，不能隔着玻璃窗（因为紫外线不能穿透玻璃），必须打开窗户照晒。但是，当阳光很强烈时，应注意做好防护工作，不要灼伤皮肤。

3.日光浴后要用干毛巾或纱布擦干汗渍，换件内衣。还要注意补充些果汁或白开水等。

4.天气不好和生病时要停止，中间停顿时应恢复2~3天，待婴儿身体习惯后再开始。

亲子小游戏

藏猫猫

妈妈把孩子抱在怀里，爸爸用方巾遮住脸，然后突然拉下方巾，叫孩子的名字，逗他笑。再把方巾放在孩子脸上，看他会不会拉下方巾逗爸爸笑。

目的：诱发愉快情绪。

第57天 和宝宝做婴儿被动操(1)

准备活动 孩子仰卧在床上，妈妈一边轻轻抚摸孩子，一边轻柔地跟孩子讲话，使孩子很愉快，很放松，就像做游戏一样。

第一节至第七节，每次每节做4个四拍。

第一节　伸展运动

预备姿势 妈妈双手握住孩子腕部，拇指放在孩子手心里，让孩子握住，孩子两臂放在身体两侧。

方法

①妈妈拉孩子两臂到胸前平举，拳心相对。

②妈妈轻拉孩子两臂斜上举，手背贴床。

③复原①的动作。

④复原成预备姿势。

⑤重复以上动作。

提醒 孩子两臂前平举时，两臂距离与两肩同宽。妈妈动作要轻柔，斜上举时要轻轻使孩子两臂逐渐伸直。

第二节　扩胸运动

预备姿势 同第一节。

方法

①妈妈轻拉孩子两臂，向身体两侧放平，拳心向上，手背贴床。

②将两臂在胸前交叉，并轻压胸部。

③同①的动作。

④还原成预备姿势。

⑤重复以上动作。

第三节　上肢屈伸运动

预备姿势 同第一节。

方法

①妈妈将孩子左臂向上弯曲，孩子的手触肩。

②还原成预备姿势。

③妈妈将孩子右臂向上弯曲，孩子的手触肩。

④还原成预备姿势。

⑤重复动作。

提醒 屈肘时妈妈稍用力，孩子的上臂不离床，臂伸直时要轻。

第四节　双屈腿运动

预备姿势 孩子仰卧，两腿伸直，家长两手握住孩子脚腕。

方法

①妈妈将孩子两腿屈至腹部。

②还原成预备姿势。

③同①的动作。

④还原成预备姿势。

⑤重复动作。

提醒 孩子屈腿时两膝不分开，屈腿时可稍稍用力，使孩子的腿对腹部有压力，有助于肠蠕动，屈、伸都不能用力过大，以免损伤孩子的关节和韧带。

第58天 和宝宝做婴儿被动操(2)

第五节 翻身运动

预备姿势 孩子仰卧，妈妈将孩子四肢摆正。

方法 ①妈妈一手握住孩子的两脚腕，另一手轻托孩子背部，然后稍用力，帮孩子从身体右侧翻身，成为俯卧位，同时将孩子的两臂移至前方，使孩子的头和肩抬起片刻。

②再将孩子两臂放回体侧，妈妈一只手握住孩子两脚腕，另一手插到孩子的胸腹下，帮助孩子从俯卧位翻回仰卧位。

③同①动作，但孩子身体从左侧翻身。

④同②动作。

⑤重复动作。

提醒 帮孩子做操时要轻柔、缓慢，翻身或俯卧时逗引孩子抬头。

第六节 举腿运动

预备姿势 孩子仰卧，两腿伸直，妈妈握住孩子膝部，拇指在下，其余四指在上。

方法 ①妈妈将孩子两腿向上方举起，与腹部成90°。

②还原成预备姿势。

③同①动作。

④还原成预备姿势。

⑤重复动作。

提醒 孩子两腿上举时，膝盖不弯曲，臀部不离床。

第七节 体后屈运动

预备姿势 孩子俯卧，两臂放前方，两肘支撑身体，妈妈两手分别握住孩子脚腕。

方法 ①妈妈轻轻提起孩子双腿，身体与床成近似45°。

②还原成预备姿势。

③妈妈轻轻握住孩子肘部，将上体抬起，身体与床面成近45°。

④还原成预备姿势。

⑤重复动作。

提醒 提腿和抬肘时，孩子身体要直，不能歪斜，以免损伤脊柱。做这一节时，妈妈也要小心，动作轻柔，不要勉强。

第八节 整理运动

妈妈两手轻轻抖动孩子的两臂和两腿，或让孩子在床上自由活动片刻，使全身肌肉放松，不要做完操立刻抱起。

做操的注意事项

①做操时，妈妈的动作一定要轻，态度要和蔼，要一边做一边与孩子说笑。

②做操要在孩子进食半小时到一小时以后为好，做完操将孩子放小床休息，然后哄他入睡。

③2～4个月的孩子可先学这套操的前4节，随着孩子长大，再逐渐一节一节地增加到8节。

第59天 宝宝预防接种时间参照表

什么是预防接种

预防接种是指把疫苗通过注射、口服等方式接种到人体内，使机体产生特异性的免疫力，达到预防相应传染病的目的。

人体在初次接触这些疫苗时，自身的免疫系统由于受到这些疫苗的刺激而被激活，分泌出具有免疫功能的免疫活性物质，当人体再次遭受这些致病菌的侵袭时，这些免疫活性物质就会发生作用，阻止病菌对人体的伤害，从而达到预防相应传染病的目的。

为什么要进行预防接种

在胎儿期，胎儿可以通过胎盘从母体中获得一些具有抵抗传染病能力的免疫物质。因此，婴儿出生后的一段时间里（大约为6个月），这些免疫物质可以在一定程度上保护婴儿不患某些传染病。但是随着婴儿的长大，这些免疫物质就会逐渐减弱和消失，而婴儿自身的免疫能力尚未健全，容易患某些传染病。因此就需要通过有计划地预防接种，达到预防某些传染病发生的目的，从而保护婴儿的身体健康。

宝宝预防接种时间参照表

时　间	基础疫苗	加强免疫
出生(开始)	卡介苗① 乙肝疫苗①	
第2个月	小儿麻痹糖丸① 乙肝疫苗②	
第3个月	百白破① 小儿麻痹糖丸②	
第4个月	百白破② 小儿麻痹糖丸③	
第5个月	百白破③	
第6个月	乙肝疫苗③ 流脑疫苗①	
第8个月	麻疹疫苗①	
第9个月	流脑疫苗②	
1岁	乙脑疫苗①	
1.5岁～2岁		百白破④ 麻疹疫苗②
2岁		乙脑疫苗②
3岁		流脑疫苗③
4岁		小儿麻痹糖丸④
5岁		乙脑疫苗③
6岁		百白破⑤ 麻疹疫苗③ 乙脑疫苗④

第60天

第2个月智能发育测试

分　类	项　目	测评方法	通过标准
大动作	俯卧抬头离床头45度	宝宝俯卧，双手放在两侧，前面用玩具逗引	可自抬头离床面，面部与床呈45度
	注视自己的手	宝宝仰卧，让手臂能自由活动	手臂在眼前注视5秒以上
精细动作	把小手放进嘴里	宝宝仰卧，让手臂能自由活动	主动将手放进嘴里
认知能力	追视玩具超过90度（过中央线）	宝宝仰卧，距眼20厘米摇动一红线球（直径10厘米），引起其注意，然后慢慢将球移动向头的一侧，再由一侧经过中央移向另一侧	眼或头随红球转动大于90度
言语	会发a、o、e等单个韵母	面对宝宝，用丰富的表情和亲切的语言逗引他	会发a、o、e等音
情绪与社会行为	笑出声音	用玩具或语言逗引宝宝，但是要接触其身体	能发出“咯咯”笑声
	“天真快乐”反应	宝宝仰卧，家长站在宝宝面前，不要逗引宝宝，观察他的表现	见人能自动微笑、发声或挥手蹬脚，表现出快乐的神情

说明：以上智能发育测试是本阶段宝宝的平均水平。由于宝宝成长发育存在个体差异性，所以，如果您的宝宝某些项目没有达到要求，请不用担心，您只需在以后多加关注和训练即可。

第3个月 宝宝会抬头了

你见过无数双动人的眼睛，但宝宝的眼神最刻骨，你与他四目相对，他仿佛懂得你的幸福。幸福是你握着他的小手，他轻轻回应；幸福是你冲他微笑，他发出笑声；幸福是你喂他吃奶，他用力吮吸；幸福是你抱他入怀，他甜蜜入梦。

索引 本月内容 分类查阅

第61天 第3个月宝宝发育指标

生理指标

满3个月时，男婴体重5.0～6.9千克，身长58.5～63.7厘米；女婴体重4.7～6.2千克，身长57.1～59.5厘米。

养育要点

1.给宝宝丰富的感觉刺激，经常变换宝宝的位置，使他能从多方面来熟悉周围环境，获得不同的视觉经验。

2.通过让宝宝俯卧、竖抱宝宝，帮助宝宝练习抬头的动作，锻炼宝宝颈椎的支撑力。

3.用玩具逗引宝宝发音。

4.训练听力，初步培养追踪声音来源的能力，感受声音远近的能力。

5.锻炼宝宝的触觉，只要宝宝的心脏没有问题，就可以经常洗澡。

6.宝宝不会爬，但可能从大床上掉下来，大人离开时，别忘了把宝宝放在有护栏的小床上。

7.宝宝的玩具不能比嘴小。

8.宝宝还小，母亲躺着哺乳有发生窒息的危险。

9.只喝牛奶的婴儿可加果汁，母乳喂养的婴儿如果喜欢喝，也可以加果汁。

发育指标

1.俯卧时，能抬起半胸，用肘支撑上身；头部能够挺直；眼看双手、手能互握，会抓衣服，抓头发、脸；眼睛能追随物体180度。

2.见人会笑；会出声答话，尖叫，发长元音。

提示

1.多数宝宝此时应该补钙了。

2.带宝宝到公共场所为时尚早。

3.尽早让宝宝品尝各种味道，为以后加辅食作准备。

体重：__________千克　　身长：__________厘米

头围：__________厘米　　胸围：__________厘米

身体情况：

预防接种：第2次小儿麻痹糖丸，第1次注射百白破混合制剂。

第62天 怎样保护婴儿的眼睛

眼睛是人的重要视觉器官，人人都希望自己的孩子有一双明亮的大眼睛。眼睛又是十分敏感的器官，极易受到各种侵害，如温度、强光、尘土、细菌以及异物等。婴儿的眼睛需要大人来保护，怎样来保护婴儿的眼睛呢？

平时要讲究眼的卫生，防止感染性疾病。婴儿要有自己的专用脸盆和毛巾，每次洗脸时应先洗眼睛，眼睛若有分泌物时，用消毒棉签或毛巾去擦眼睛。

要防止强烈的阳光或灯光直射婴儿的眼睛。婴儿降生于世，从黑暗的子宫环境到了光明的世界，已发生了巨大的变化，对光要有逐步适应的过程。因此。婴儿到户外活动不要选择中午太阳直射时，要戴太阳帽。家中的灯光要柔和。

要防止锐物刺伤眼睛。给婴儿玩玩具时，要选择一些圆钝、较软的玩具，不要给孩子玩棍棒类玩具，以免刺伤眼睛。

防止异物飞入眼内。婴儿在洗完澡用爽身粉时，要避免爽身粉进入眼睛，同时要防止尘沙、小虫等进入眼睛。一旦异物入眼，不要用手揉擦，要用干净的棉签蘸温水冲洗眼睛。

婴儿不要看电视。电视开着时，显像管会发出一定量的X线，尤其是彩电，婴儿对X线特别敏感，如果大人抱着孩子看电视，使婴儿吸收过多的X线，婴儿则会出现乏力、食欲不振、营养不良、白细胞减少、发育迟缓等现象。

如果发现婴儿有眼睛疾患，如结膜炎、眼疖子等，要及时去医院就诊。

多给婴儿看色彩鲜明（黄、红色）的玩具，经常调换颜色，多到外界看大自然的风光，有助于提高婴儿的视力。

第63天 怎样保护婴儿的听力

听力是人的中枢神经系统和听觉器官联合活动所产生的一种反应能力。听力在胎儿期已经形成，婴儿出生后听力逐步发展。如何保护婴儿的听力呢？

要防止某些损害婴儿听觉器官的疾病的发生，如流脑、乙脑、病脑、结脑、麻疹、中耳炎等。

慎用下列药物 链霉素、庆大霉素、卡那霉素、妥布霉素、小诺霉素、巴龙霉素、新霉素等氨基糖甙类药物，这些药物有较强的耳毒性，可引起听神经的损害。婴儿对这些抗生素反应的差异性较大，有的打一针可引起耳聋；有的打几天以后，耳部出现嗡嗡响声，若及时停药，造成的危害会少得多，若继续用药会造成终身残疾。

抗生素引起的耳聋与用药剂量和时间长

短有关，用药剂量越大，时间越长，造成的危害越大。

婴儿的听觉神经和器官发育不够完善，外耳道较短、窄，耳膜较薄，所以不宜接受强声刺激。各种噪音对婴儿不利，会影响婴儿的听觉器官，使听力降低，甚至引起噪声性耳聋。

不要给婴儿挖耳朵，防止耳道内进水，引起耳病，影响听力。

第64天 给宝宝测身高、体重、头围

宝宝的身高、体重、头围是衡量宝宝发育是否正常的重要指标，父母每隔一段时间给宝宝测量一次，就可以知道宝宝的生长发育情况。妈妈可以根据宝宝的生长情况相应地调整喂养方法。

身高测量方法

3岁以下的宝宝测量时取卧位身长，脱去帽子和鞋袜以及厚衣服，仰卧于测量床底板中线上，宝宝的面朝上，两只耳朵在同一侧水平位。一个人将宝宝两只脚后跟固定在底板零位置处，一只手握住两个膝盖，使宝宝两个下肢紧贴底板。测量者把住宝宝头部使其接触底板，头部上边缘与底板垂直方向对应的刻度就是宝宝的身高。

注意 本月身高增加3～4厘米，宝宝出生的第一年大约增长25厘米，其身高约为出生时的1.5倍。

体重测量方法

测量时间选择宝宝进食1小时后，宝宝放在盘秤称（卧于秤盘中）。若已知其衣服重量，可穿戴衣服称；若不知其重量，衣服可以事后称（婴儿可包上被单称），两次测量的差值就是体重。操作时应注意安全和保暖，以免影响测量结果。

注意 平均体重的计算公式和标准：1～6个月宝宝体重＝［出生体重+（月龄×0.7）］千克，每周平均可增加200～300克。

头围测量方法

妈妈给宝宝测量头围时采用仰卧位或坐位，妈妈应站在宝宝前面或右侧，左手拇指将软尺零点固定于眼眉弓上边缘处，头绕脑后最突出部分一周，回到测量的起点处，即可看刻度。测量时要求软尺紧贴头皮，刻度向外，左右对称。若宝宝头发比较厚可以在软尺经过处将头发上下分开。

注意 在前半年内增加约8厘米，后半年内增加约3厘米。

亲子小游戏

拉过来

在拖拉玩具的绳端绑上一个环，妈妈先拉着玩具走，表现得非常愉快。然后将环放在孩子手里，让他拉住玩具。

目的：练习抓握。

第65天 定期给宝宝做体检

定期给宝宝做健康检查，可以掌握宝宝的生长发育及健康情况，以便及早发现宝宝生长异常、身体缺陷和疾病，指导家长尽早采取相应的措施进行干预，这是保障儿童健康成长的重要措施之一。

一岁内健康检查的次数

一岁以内定期健康检查的次数是4次，其时间分别是生后3个月、6个月、9个月和1岁时，并可根据医生要求增加检查次数。通常，在孩子出生后3个月内，就应带孩子到当地的儿童保健部门进行健康检查，为孩子建立一个健康档案。

健康检查的内容

1.询问小儿的生活、饮食、大小便、睡眠、户外活动、疾病等一般情况。

2.测量体重、身长、头围等并进行评价。

3.全身体格检查。

4.必要的化验检查（如血色素检查）和特殊检查（如智力检查）等。

健康检查的结果分析

一次健康检查的结果只能反映宝宝当时的健康状况，即使当时体重和身高稍低，也不能就此认定宝宝发育缓慢、营养不好或存在其他问题。只有再经过定期多次的连续检查，对检查结果进行前后对比，才可以看出宝宝生长发育和其他健康状况的动态变化，才可以对宝宝的健康状况作出比较准确的评估。

第66天 如何防止宝宝睡偏头

宝宝出生后，正常情况下其左右头颅应该是对称的，不会有“偏头”一说。但是这个时候宝宝的头部比较软，骨骼发育很快，再加上颈部肌肉也未发育完全，就比较容易受外力影响而变形。

宝宝偏头的原因

妈妈生产时使用了外力：有些产妇在生产时，医生可能会迫于无奈采用真空吸引、使用产钳等方法，这样比较容易形成血肿。宝宝出生后就不愿侧向血肿处睡，易形成偏头。

睡觉的姿势 宝宝出生后的左右头颅是对称的，而妈妈经常习惯采取同一个姿势让宝宝睡觉，这个时候宝宝也容易形成偏头。

营养与遗传疾病等因素 由于妈妈在孕期的营养不足，造成宝宝头颅畸形或其他的一些家族遗传因素，导致宝宝偏头。

预防宝宝偏头

经常改变宝宝睡姿 宝宝出生后3个月是塑头形的关键时期。从宝宝出生的第一天起，妈妈就应该经常变换着姿势让宝宝睡觉，以保持宝宝头部两侧受力均匀。不要让宝宝经常采取同一种睡姿，特别是在白天。

头下垫一些合适的物品 由于刚出生的宝宝在出生后3个月不需要枕头或定型枕，因为这样容易造成宝宝的脖颈弯曲，引起呼吸困难。这个时候妈妈可以在宝宝的头下垫一些松软的棉絮或者是质地比较好的纯棉毛巾（叠成长方形块）等物品，以缓解其头部着枕处所受的压力。

经常调换位置 由于天性，妈妈喂奶时宝宝会把头转向妈妈一侧，宝宝在睡觉时一般也都习惯于面向妈妈。为了不影响宝宝头骨的发育，妈妈和宝宝同睡时应经常和宝宝变换位置或者掉头睡。

适当补钙和维生素D 为了促进宝宝骨骼的发育，妈妈可给宝宝适当地补充钙质和维生素D，让宝宝多晒晒太阳等。

亲子小游戏

外面真奇妙

把宝宝抱到户外，让他看眼前的景物，妈妈反复地跟他说话，讲周围的事物，每次2～3分钟。

目的：发展视觉，开阔眼界。

第67天 预防宝宝长痱子

婴儿的皮肤娇嫩，在夏季容易受汗液刺激出现痱子。痱子初起时是针尖大小的红色丘疹，突出于皮肤，圆形或尖形。痱子会产生痒或痛而导致婴儿哭闹。有时会发生感染，最终形成疖肿或痈。

痱子的产生原因

痱子是由于环境中的气温高，湿度大，宝宝出汗过多，不能及时地蒸发，致使汗孔堵塞，汗液淤积或破裂所致。

痱子的分类

痱子有的表现为小米粒大小浅表水疱，很容易蹭破，轻度脱屑而愈，称为白痱；有的为散在红色小丘疹，但与毛囊无关，称为红痱；有的为小脓疱，称为脓痱。

痱子的预治

1.天热要多给宝宝喝凉开水和菜汤，多吃西瓜和蔬菜，以帮助降温，但不宜喝冷饮。

2.降低室温，保持通风，清爽，但室内外温差不宜太大。

3.要给宝宝穿宽大的棉布内衣，这样有利于吸汗。平时尽量不要让宝宝大声或长时间哭闹，以免弄得满身是汗。宝宝睡的床上要垫草席，要多给宝宝翻身。

4.勤给宝宝洗澡，洗澡时的水温不宜太高，较高的水温对皮肤的刺激性更强。洗澡时应该用婴儿沐浴露，不宜用碱性强的，选择中性沐浴露较好。每天可根据宝宝出汗的多少决定洗澡的次数，特别应该注意清洗皮肤的皱褶处，洗澡后应立即在宝宝的皮肤上撒些痱子粉，并换上清洁、舒适的棉布内衣。

5.妈妈可以到中药房买点野菊花熬了水经常给宝宝洗澡，洗完澡后可以给宝宝扑松花粉（中药房有卖的）。

6.勤剪指甲，防止搔抓，以免皮肤继发感染。头发应剪短一些。平时还可以给婴儿喝一些绿豆汤，以解暑热。

第68天 哺乳妈妈用药需小心

研究表明，哺乳期妈妈服用的药物，大多可以通过血液循环进入乳汁中，经过宝宝吸吮，药物又会进到他们的身体里。所以，哺乳期妈妈用药千万慎重，须在医生的指导下使用，否则对宝宝的身体会造成更大的损害。

不可自己随意乱服药

哺乳期妈妈不能自作主张，自我诊断，自己给自己开药吃，需要用药时，应向医生咨询，并说明自己正处在哺乳期。

不应随意中断哺乳

除了少数药物在哺乳期禁用外，其他药物在乳汁中的排泄量，很少超过妈妈用药量的1%～2%，这个剂量不会损害宝宝的身体，只要服药在安全范围内，就不应该中断哺乳。

服药后调整哺乳时间

服用药物时，为了减少宝宝吸收的药量，妈妈可以在哺乳后马上服药，并尽可能推迟下次哺乳时间，最好是间隔4个小时以上，以便更多的药物代谢完成，使母乳中的药物浓度降到最低。

不宜服用避孕药

避孕药中含有睾丸酮、黄体酮以及雌激素类衍生物等，这些物质进入妈妈体内，会抑制泌乳素生成，使乳汁分泌量下降，分泌的母乳不够宝宝吃。而且，避孕药物中的有效成分会随着乳汁进入宝宝体内，使男婴乳房变大、女婴阴道上皮增生。因此，哺乳的妈妈在哺乳期内不宜采取药物避孕的方法。

不可滥用中药

有些中药对产后的妈妈有滋阴养血、活血化淤的作用，可增强体质，促进子宫收缩和预防产褥感染。但有些中药会进入乳汁中，使乳汁变黄或有回奶作用，如大黄、炒麦芽、逍遥散、薄荷等。

育儿箴言

利用不同的感官刺激，有条不紊地将注意力引导到儿童的活动中，即便是嗅觉也可以用理解的方式来训练，从而成为他们探索环境的器官。

第69天 应对宝宝哭泣8个妙招

新手爸妈最头疼的事情莫过于宝宝的哭闹了。一分钟以前恬静乖巧的小天使忽然翻脸，又哭又闹，任凭爸妈怎么哄也没有用。出现这种情况应该怎么办呢?

如果宝宝不停地哭闹，通常先看看宝宝是不是饿了、累了、太冷、太热或者尿湿了不舒服；如果都不是，可用以下8个妙招：

轻拍 把宝宝用被子裹好，轻轻的有节奏地拍他的背，节奏要和大人的心跳一致。

散步 让宝宝舒服地坐在或躺在小车里，推他出去散散步。

爱抚 让宝宝横卧在大人的膝上，轻轻地抚摸他的背部，或拍他的脚。

洗澡 大人和宝宝一起洗个热水澡也很有效，可以在澡盆中加几滴薰衣草精油。

按摩 洗澡后，轻轻给宝宝按摩，可以涂一些宝宝专用的按摩油，如果没有按摩油，其实用香油（即芝麻油）效果也很好，可以增进婴儿血液循环，改善睡眠状态等。

拥抱 抱着宝宝来回走动，小家伙们是很喜欢和大人的这种身体接触的。

音乐 大人还可以试试给宝宝放点音乐调节一下气氛，最好是催眠曲或大人自己唱给他听也可以。

换人抱 如果以上方法都不奏效，可以先找个人替您看护一会小宝宝，好让自己喘一口气，休息一下。不过不要走得太远，不要离开宝宝的视线范围，以免宝宝慌张。

第70天 冲调配方奶粉的技巧

冲调不应过浓

奶粉浓度过高会引起宝宝便秘，因此应当按照包装上的说明调配水和奶的比例。

不应额外加糖

配方奶粉中已经含有适当比例的糖，如果额外加糖，就会影响锌的吸收，引起消化功能紊乱，食欲减退，吸收减少，营养不足，抵抗力下降，容易生病。

要按需冲配

奶粉盒上都会写着用量。一般半个月到1个月的宝宝每次吃奶120毫升。如果怕宝宝没吃够而强行多喂，容易导致宝宝饮用过量而厌食，或者肥胖。

第71天 如何给宝宝科学补水

小婴儿是否喂水说法不一。有的强调在两次喂奶之间应适量喂些白开水或者果蔬汁，但也有医生认为不需要喂水。母亲可以大体掌握一个原则：如果母乳充足，可以不喂水和其他果蔬汁；如果用配方奶或混合喂养，就可适量喂一点。

生后2～3天母乳充足，奶量增多，母乳可提供婴儿生长发育所需的全部营养物质和水分。所以母乳喂养不必喂水。尤其在头4个月内不必特意喂水以补充水分。

过早过多喂水，必然吃乳量减少，致使母乳分泌减少。即使喂水，也不应用奶瓶喂，要用小勺或滴管喂，以免婴儿对奶头产生错觉，拒绝吸吮母亲的奶头。母乳中营养物质全面，比例适当，只是维生素D不足，可以通过添加鱼肝油、晒太阳获得。

对于出生4～6个月以后，利用配方奶喂养的婴儿，应在两次哺乳之间适量补充水分。因为婴儿肾功能未发育成熟，而牛奶中的钙、磷、钾、氯比母乳高出3倍，需要一定水分把多余的元素从肾脏尿中排出体外。

正常婴儿每日每千克体重需水150毫升，若扣除牛奶水分，即为每日喂水量。喂水以白开水为好，亦可适量喂新鲜果汁、菜汁，不宜喂过多糖水，不要喂茶水。在婴儿患发热、呕吐、腹泻时，不论母乳喂养或是牛奶喂养，均应补充一些淡盐水或糖水。

亲子小游戏

声音在哪里

妈妈拿一个彩色的，较大些的花铃棒，一边摇一边慢慢移动，从孩子左边到孩子右边，再从右边到左边，开始孩子的眼跟着玩具转，而后是头随着玩具从左到右，从右到左。

目的：视听定向。

第72天 给宝宝喂点果汁

宝宝两个多月后就可以适当喂点果汁，宝宝天性就喜欢果汁的酸甜味。

给宝宝喂果汁的好处

果汁的最大作用就是补充维生素C。

如果宝宝轻微腹泻，可喂一些西红柿汁或苹果汁，这两种水果可使大便变硬。如果宝宝便秘，可喂一些柑、桔、西瓜、桃子等果汁，这些水果可使大便变软。喂果汁时，可让宝宝习惯多种口味，并习惯用勺子。

果汁的做法

首先，将手、水果及各种工具洗干净，将苹果、梨、桃之类捣碎，葡萄、草莓、樱桃保持原样，西红柿、西瓜等切成小块，柑橘之类可切成圈圈，或捣或挤压，最后将果汁过滤出来。其中，柑橘、草莓、西红柿等含有大量的维生素C。

果汁的喂法

刚开始喂时应将果汁用凉开水稀释一倍，第一天每次只喂一汤匙，第二天每次两汤匙，可逐渐增加，一天喂三次，每次30～50毫升。要在洗澡、日光浴、户外活动以后喂。如果宝宝不愿意喝或喝进去就吐，可过一段时间再尝试喂。如果实在不喝，也不要勉强宝宝。

喂果汁的注意事项

需要注意的是，宝宝腹泻时可中止喂果汁，或者因果汁而引起腹泻的亦应停止；喂果汁以后大便发绿或发黑，只要宝宝情绪精神好，就是正常现象。因为果汁能使大便变成酸性，故而发绿；吃了苹果汁后大便会发黑，不要误以为发病。如果喂果汁而引起不好好吃奶，应酌情减少果汁量，必要时可停止。

水果汁大多是酸性的，如果在喂奶后不久就喂的话，在胃内能够使牛奶中的蛋白质凝固成块，不易吸收。因此，果汁最好在喂完奶后1小时再喂，也就是要选在两顿奶之间，才有利于营养的吸收。

另外，还有研究认为完全由母乳喂养的婴儿在出生后4个月内不需要加喂水果汁。母乳的营养成分最适合婴儿的生长发育，而且无论在热量或水分上都足以满足6个月以内婴儿体内的需要。所以，婴儿喂养还是要以母乳为主，不要大量添加果汁，以免造成孩子不爱喝奶，影响生长发育。

第73天 可以给宝宝喂点菜水

到这一时期末，可以给小婴儿适当喂些菜水了，家长要选用新鲜嫩绿的菜叶而不是选用嫩菜心来煮水喂孩子。

据现代营养研究分析，蔬菜的营养价值以翠绿色为高，黄色次之，白色较差，同一种蔬菜也是色深的营养价值高。

从蔬菜的生长过程看，蔬菜的生长需要阳光，由于光合作用，外部的叶片往往比里面的获取营养多，它的颜色也是比里面的深，而菜心包裹在内，见不到阳光，颜色往往是淡绿色、黄色，甚至接近白色，因此从营养价值上看，嫩菜心要比外部的深绿色菜叶要差得多。

做菜汁时，就要选用新鲜、深色的外部菜叶子，洗净、切碎，放入干净的碗中，再放入盛有一定量开水的锅内煮开，取出后将菜汁滤出，喂给孩子。

有一些能压出汁的蔬菜如番茄，可直接做，不用蒸煮。选用新鲜成熟的番茄，洗净再用开水烫洗去皮、去籽，放入一定量的白糖，用汤匙搅碎，再用匙背将汁压出，滤出汁水，稍加温开水即可喂给孩子。

有些家长担心蔬菜里的农药会对婴儿有害，因此，可以选择有机种植的蔬菜。

亲子小游戏

握住

妈妈拿一个会发声的塑料环放在宝宝手中，若宝宝不抓握，只握住小拳头，妈妈可抚摸他的手背到手指，让宝宝张开手，再把玩具放在他手中，让他握住。

目的：发展手的触觉技能。

第74天 如何正确保存母乳

很多妈妈产假结束后就要重返工作岗位，为了坚持母乳喂养，只能是在不上班的时候把母乳挤出来保存起来，留给婴儿第二天吃。那么如何保存好母乳呢?

储存容器 母乳要放在适宜冷冻的、消毒后的玻璃制品内密封。建议尽量不要用塑料制品。

不要装满 储存母乳时，不宜将容器装得过满，以防止容器在冷冻室中结冰胀破。

杯注日期 母乳在冷藏之前要先冷却，并且在储存器具上标上日期，以免过了最佳保存期，引起消化道疾病。

保存时间 母乳保存时间和储存条件密切相关。如果是冰箱里的小储藏格，保存期为两周；如果是与冷藏室分开的冷冻室，但经常开门，保存期3～4个月；要是深度冷藏室，温度在0℃以下，保存期长达6个月。

解冻方法 要先用冷水冲洗，逐渐加入热水容器，直至恢复到适合喂食宝宝的温度。要记住不要用炉火或者微波炉加热，会破坏其中的营养物质。解冻后的母乳要在24小时内喝完，不宜再次冷藏。

第75天 宝宝厌食牛奶怎么办

有的婴儿在3个月左右会突然不爱吃奶了(牛奶或配方奶)，妈妈往往会很着急，但又找不出原因，那么，这是什么原因呢?

如果你的宝宝只是不爱喝奶粉，但喝水、吃母乳正常（很多宝宝此时为混合喂养或仍有少量母乳），而且宝宝的脸上经常挂着笑（这一点很重要，有疾病或不舒服的宝宝是不会面带微笑的），此时你就不用太着急。这也许是给宝宝一个自我调整的好机会。

研究表明，此种情况可能与宝宝的肝肾功能发育相对不成熟有关。3个月左右的婴儿，对牛奶中蛋白质的吸收会比以前增加，但肝肾功能相对不足。长期超量工作，会使肝肾“疲劳”，需要适当地“休息”与“调整”。因而，就出现了进食牛奶减少的情况。

实际上，厌食牛奶不是一种病，而是小儿自身为了防止肥胖而采取的自卫措施，这也可以算是宝宝对父母发出的警告。所以，即使小儿厌食牛奶，父母也不要太着急，不要担心孩子不吃牛奶会饿坏，更不能硬灌。应该谅解孩子，使孩子体内的脏器得以充分的休息。父母要调整一下喂养方法，把牛奶冲稀些或换一下奶粉的品种，多喂些糖水和果汁，只要婴儿平均一次能吃下100～200毫升的牛奶，父母就不用担心会饿坏了孩子，因为孩子体内有充分的贮备，经过8～10天的调整，孩子就有可能慢慢恢复到从前喝牛奶的量了，等孩子恢复了，父母千万不要让孩子过食了。

第76天 婴儿尿布疹的防治措施

尽管妈妈对宝宝精心呵护，可是有的宝宝还是会出现红屁股，红色的斑点状疹子零零星星地分布在两边的小屁股上，宝宝会表现出烦躁不安，睡不踏实。

出现尿布疹的原因

宝宝出现红屁股，医学上称为尿布疹，是婴儿皮肤适应不良的物有现象，产生原因主要有：

◆ 粪便、尿液在尿布上积聚，分解产生氨，刺激和损伤皮肤所致。未及时更换尿布是主要原因之一。

◆ 宝宝皮肤娇嫩，易对洗涤剂、柔顺剂过敏。

尿布疹的防治

选择好的纸尿裤 首先要全纸的或棉柔材质、吸汗和透气性好的款式，搓一搓，听听声音；其次要比较薄的，大概一块饼干厚的厚度，要有松紧搭扣的，腰围有部分加宽或是大腿附近的剪裁有增加伸缩功能的，且不会把宝宝弄疼；最后是吸水量大，可以倒些水进行实验。

温水洗屁股 平常妈妈们可以在宝宝排泄完后，用温水轻轻冲洗宝宝的小屁股，再用纯棉布轻轻按压即可。等小屁股干爽后再用较油性的润肤乳涂抹，以形成保护膜。这样就可以较好地预防尿布疹。

勤换尿布 患尿布疹的宝宝，小屁股最好保持干爽，要勤换尿布且清水洗净，避免尿液、粪便留在宝宝的皮肤上造成刺激伤害。

第77天 让宝宝远离蚊虫叮咬

被蚊虫咬伤后的症状

蚊虫叮咬后常会引起皮炎，此乃夏季小儿皮肤科常见病症，以面部、耳垂、四肢等裸露部位的丘疹或淤点为多见，亦可出现丘疱疹或水疱；损害中央可找到刺吮点，像针头大小暗红色的淤点，宝宝常会感到奇痒、烧灼或痛感，表现出烦躁、哭闹；个别严重者可于眼睑、耳郭、口唇等处明显红肿，甚至发热、局部淋巴结肿大；偶发由于抓挠或过敏引起的局部大疱、出血性坏死等严重反应。

被蚊虫叮咬后的处理方法

止痒 一般性的虫咬皮炎的处理主要是止痒，可外涂虫咬水、复方炉甘石洗剂，也可用市售的止痒清凉油等外涂药物。

消炎 对于症状较重或有继发感染的患儿，可内服抗生素消炎，同时及时清洗并消毒被叮咬的局部，适量涂抹红霉素软膏等。

防抓挠 父母要勤给宝宝洗手，剪短指甲，谨防小儿搔抓叮咬处，防止继发感染。

让宝宝远离蚊虫叮咬

室内 注意室内清洁卫生，定期打扫，不留卫生死角，不给蚊虫以藏身繁衍之地；开窗通风时不要忘记用纱窗做屏障，防止各种蚊虫飞入；在暖气罩、卫生间角落等房间死角定期喷洒杀蚊虫的药剂，最好在小孩不在的时候喷洒，并注意通风。

夜间 宝宝睡觉时，为了让他享受酣畅的睡眠，夏季可以给他的小床配上一顶透气性较好的蚊帐；或插上电蚊香，注意蚊香不要离宝宝太近；还可以在宝宝身上涂抹适量驱蚊剂；睡觉前沐浴时可以在宝宝的大盆里滴上适量花露水，使宝宝洗澡后肌肤上留有花露水的味道，对驱散蚊虫也有一定功效。

迅速止痒小妙招

1.用新鲜的芦荟，掐一块老的叶子，给宝宝涂抹在蚊虫叮咬处。

2.切一片生姜片，抹在蚊虫叮咬处，即刻就不痒。

3.用牙膏也可治蚊虫叮咬。若宝宝被蚊虫咬伤，局部涂抹一些牙膏可以消肿、止痛、止痒。

亲子小游戏

看口形

妈妈向宝宝发出“啊、喔”的声音，并让宝宝看到妈妈的口形，宝宝就会模仿，做出相应的口形，逐渐发出声音。

目的：促进语言发展。

第78天 宝宝流口水正常吗

宝宝出生3~4个月后，中枢神经系统和唾液腺发育逐渐完善，唾液分泌量增多，但婴儿此时吞咽功能尚不完善，因此常流口水，形成所谓的生理性流涎。

宝宝流口水的危害

事实上，在宝宝的成长过程中，口水起着重要的作用，可促进吞咽，刺激味蕾，保持口腔潮湿，维持口腔和牙齿的清洁，促进嘴唇和舌头的运动等。但是，口水偏酸性，含有一些消化酶。宝宝的皮肤比较嫩，当口水流到嘴角、下颌、脖子时，很容易让皮肤的角质层被腐蚀，或导致霉菌感染，产生湿疹、发炎等症状。

流口水护理注意事项

1.经常帮宝宝擦拭口水，让宝宝的脸部、颈部保持干爽。

2.擦时不可用力，轻轻将口水拭干即可，以免损伤局部皮肤。

3.尽量避免用含香精的湿纸巾帮宝宝擦拭脸部，以免刺激肌肤。

4.常用温水洗净口水流到之处，然后涂上油脂，以保护下巴和颈部的皮肤。

5.给宝宝擦口水的手帕，要求质地柔

软，以纯棉质地为宜，要经常洗烫。

6.最好给孩子围上围嘴，围嘴应经常保持整洁和干燥。

7.如果宝宝已经出疹子或局部皮肤糜烂，最好还是去医院诊治，请医生给予正确的治疗。而皮肤发炎期间，更应该保持整洁、清爽，可局部涂抹抗生素或止痒的药膏，擦药的时间最好在宝宝睡前或趁宝宝睡觉时，以免宝宝不慎吃入口中。

8.可用炒白术12克，益智仁8克，共研细末，分成12包。每日2次，每次1包，用温开水调服或加入食物中食之均可，可适用于寒证流涎。也可每天用白术粉10克加食糖适量，一起蒸食，坚持服用，疗效理想。

第79天 宝宝打嗝是怎么回事

幼儿与成人不同的是以腹式呼吸为主，膈肌还是婴幼儿呼吸肌的一部分。某些因素可引起植物神经受到刺激，从而使膈肌发生突然收缩，引起迅速吸气并产生有节律地打嗝。

小儿打嗝的原因

1.由于父母护理不当，使宝宝吸入凉气，刺激了膈肌。

2.喂养不当，过量进食导致消化不良或喂了冷牛奶，一些药物刺激了膈肌诱发打嗝。

3.进食过多或惊哭之后立即进食或进食时哽咽，也可诱发打嗝。

4.患了脑炎、脑肿瘤、先天性脑积水、脑膜炎、脑血管意外等神经性病变均可诱发打嗝。当打嗝持续不断时，可能胃、横膈、心脏、肝脏出了问题。

预防打嗝的方法

1.妈妈应避免在宝宝啼哭、气郁时给宝宝喂奶。

2.避免进食过快，母乳喂养时，如果母乳很充足，哺乳时应按压住乳头以避免乳汁流出过快；若人工喂养要注意奶嘴出奶口也不能过大。

3.食物不要过冷，从冰箱拿出的食物要温一下再喂给孩子。天气寒冷时，喂完奶后不要立即到室外吹冷风。

宝宝打嗝时如何处理

当小儿打嗝时，先将孩子抱起来，轻轻地拍其背，喂些温开水。

将孩子抱起，用一只手的食指尖在孩子嘴边或耳边轻轻挠痒，这是因为嘴边的神经比较敏感，挠痒可以使神经放松，打嗝也就消失了。

将孩子抱起，刺激其足底使其啼哭，终止膈肌的突然收缩。

在开水中放入新鲜橘子皮10克或陈皮5克，待水温后喂给孩子。若孩子打嗝时嗳出酸臭味，表明消化不良，此时可轻轻地按摩腹部10分钟，一日2次，或取山楂10克，鸡内金5克，加水煮15分钟，温后给孩子服用，就会达到药到病除的效果。

当孩子打嗝时，用玩具逗逗他，给他放一些轻柔的音乐，也可转移注意力减轻打嗝。

第80天 婴儿昼夜颠倒如何纠正

有些婴儿一到晚上就来了劲，很晚才睡，按时哭闹，弄得父母精疲力竭，大人和孩子均没有睡好觉，而在白天孩子却呼呼大睡，除睡眠昼夜颠倒外，没有其他病症。这种不良的习惯是逐渐形成的，已成了条件反射，应该及时纠正过来。

昼夜颠倒的危害

昼夜颠倒的睡眠不会深，会影响进食，精神也欠佳，这样会影响孩子的生长发育。甚至会影响心理发育。

纠正昼夜颠倒的方法

1.让宝宝白天的睡眠时间不要过长，以一次不超过3小时为宜。弄醒孩子的办法多种多样，如打开衣被换尿布、触摸皮肤、挠脚心、抱起说话等等。

2.白天有规律地外出玩耍，使孩子适度疲劳。白天睡眠时室内光线不要太暗，可适当有响动；夜间则提供较暗和安静的睡眠环境，帮助孩子区别日夜。夜间喂奶最好不开亮灯，说话用耳语状态。

3.白天增加活动时间，减少睡眠时间，但不可过分，不要让孩子过于疲劳。如果一时难以纠正，也不要太着急，忍耐几周就会好的。

第81天 含奶头睡觉危险多

许多宝宝睡觉都有一个习惯，就是需要一个固定的安慰物，只有在这个安慰物的陪伴下才能安然入睡，如小奶嘴，手绢，枕巾，玩具等等都可以让宝宝入睡。另外，还有一些宝宝只有含着妈妈的乳头才能睡觉，其实，宝宝含着乳头睡觉是十分不好的。

含奶头睡觉的危险

1.母亲入睡过深，乳房会压住婴儿的口鼻，使婴儿发生窒息，特别是那些体弱的小婴儿。所以，这种喂奶方式不可取，应引起家长的重视。

2.婴儿在睡眠中经常有吸吮动作，则可吸出乳汁，而处于深睡状态的婴儿，吞咽反应差，当乳汁进入咽喉部时，轻者引起呛咳，重者吸入气管，发生吸入性肺炎或窒息，严重者可因窒息而死亡。

3.含着乳头睡觉的婴儿发育状况也会受影响。最为明显的是宝宝长期偏侧身含乳头入睡容易造成宝宝歪头的习惯。

4.宝宝在前6个月的母乳喂养是最关键的，如果因为母亲懒惰，让宝宝含着乳头入睡，殊不知这个阶段宝宝发育最关键，容易导致发育不良，牙齿也会受影响，上下颚之间甚至会变形，不能正常吸吮母乳。

因此，妈妈们要注意，不能让宝宝养成含着乳头睡觉的习惯，如果已经形成习惯，也应该改正。

哺乳后要正确地中断吸吮

妈妈在哺乳结束后不要强行用力拉出乳头，因为在口腔负压下拉出乳头可引起局部疼痛或皮损，也容易造成宝宝的牙齿向外突出。应让宝宝自己张开口，乳头自然地从口中脱出。当宝宝仍含住乳头不松时，可用手指头从他们的口角伸入口腔内，或用手指轻轻按压宝宝的下颌，温柔地中断吸吮。

第82天 学会辨别宝宝的哭声

哭是宝宝表示不满的主要手段。这段时期的宝宝啼哭的原因已不再仅仅是生理因素引起，如饿了、渴了或大小便等，开始出现依恋成人、想让人抱等社会因素。

不同原因所致的哭声有了较明显的区别，主要体现在音调和节奏上。父母要仔细观察，准确掌握宝宝不同哭声包含的真正含义，以便针对不同情况进行不同处理。

饥饿或口渴

宝宝闭着眼睛，嘴左右觅食或吮吸手指，双脚紧蹬、嚎叫不停，可能是饥饿或口渴，应给宝宝喂奶或喂水。

尿布湿了或身体不舒服

持续不断悲悲切切地哭叫流泪，可能是尿布湿了、衣着太紧或身体不舒服，爸妈可给宝宝宽衣带、更换尿布。如果宝宝是因为生病或身体不适啼哭，可抱抱宝宝，轻拍宝宝，和宝宝说说话，安慰他。

爸妈离开或拿走玩具

有的宝宝啼哭是因为爸妈离开他或拿走他的玩具，一旦爸妈回到他身边或将玩具放回原处，哭声随即停止。

要人抱了

宝宝哭而无泪或注视着爸妈，脸仅有哭的表情“哼哼”直叫，是想爸妈抱，可抱抱婴儿，但不要让婴儿养成非抱不可的习惯，可坐在婴儿床边逗逗他或在婴儿床头挂些色彩鲜艳的玩具，让他自己玩玩。

宝宝生病了

夜间烦躁啼哭，夜惊多汗则常见于佝偻病的早期表现，大声阵发性尖叫常为腹部疼痛，均应尽早到医院就诊治疗。

亲子小游戏

荡起来

把孩子放在毛巾被上，爸爸妈妈拉住毛巾被四角，将孩子抬起离床面20厘米。轻轻来回摇荡。

爸爸将孩子抱在怀里，坐在秋千上，由妈妈轻轻的小幅度推动。

目的：训练平衡能力。

第83天 宝宝为什么会夜啼

夜啼主要见于小婴儿，多数在睡着2～3小时后就哭起来，哭时两眼紧闭，泪流满面，面色多无改变，给吃的不张口，哭闹短则十几分钟，长则半小时以上，有的宝宝几乎每天夜间都哭，白天却玩耍如常。

恼人的宝宝夜啼

宝宝夜间哭闹时，怎样都哄不好，父母会很担心，有时甚至会送医院，孩子到医院后眼睛睁开了，对周围环境发生兴趣。不哭了，好像什么事都没发生。有的孩子哭了一阵躺下又睡着了，有的打几下屁股，醒来就不哭了。这种情况往往让全家人都不知所措，不知道该怎么办才好。

夜啼常见的原因

1.做噩梦。

2.室温太高或被窝太热，口渴想喝水。

3.憋尿或大便前腹痛。

4.肠痉挛引起的腹痛。

5.下半夜哭闹可能由于蛲虫引起肛门周围或会阴部瘙痒。

6.晚饭未吃，因饥饿而哭闹。

7.熟睡刚醒，因周围一片漆黑而害怕。

孩子夜啼怎么办

首先想办法把孩子弄醒，有些孩子清醒后就不哭了。重要的是分清哭闹是否有病，尤其注意有无外科急腹症。

孩子是否阵发性哭闹，伴有呕吐、面色发黄、大便带血；皮肤是否有皮疹、出血点、蚊虫咬伤、针扎等。腹部检查甚为重要，如果你按压腹部时孩子哭闹加重或拒按，可能有外科情况；如按摩腹部时孩子停止哭，可以排除外科情况。

检查孩子的手足是否发凉，体温是否高，如一切正常，就不必害怕，不是什么重病引起的哭闹，不必深夜求医。

第84天 给宝宝选择袜子的诀窍

穿袜子的误区

不会走路的宝宝不需穿袜子：小宝宝的体温调节功能尚未发育完全，散热功能大，而产热功能差，当外界环境温度略低时，小宝宝的下肢循环就会不好，小脚变凉，容易感冒；随着宝宝长大，下肢活动增加，小脚乱动乱蹬，容易受到损伤，穿了袜子可以起到减少损伤的作用；小宝宝的皮肤娇嫩，若接触到有害物质就会增加感染机会，穿了袜子可起到保护作用，还可防止蚊虫叮咬。

夏季宝宝不需穿袜子：到了炎热的夏季，室内开了空调，宝宝喜欢光脚在地板上走，不穿袜子容易着凉；有的妈妈给宝宝光脚穿凉皮鞋也是错误的，因为光脚容易受伤，皮肤变得干燥，而且鞋的材料和工艺会受到化学物质的污染，毒物容易通过幼嫩的皮肤进入体内。

宝宝需要哪几种袜子

防滑袜 袜的脚底有软胶图形，可以防止宝宝在跑跳时摔倒。要注意防滑袜是外穿袜，尽量不要穿在鞋内。

薄棉袜 适合宝宝夏季穿，颜色最好不要太深。不能选不透气的尼龙袜以及用药物止汗除味的袜子。

纯棉袜 适合春秋穿。最好选用100%的纯棉质地袜。

羊毛袜 适合冬季穿，袜子要有一定的弹性，主要成分最好是毛和棉。不要选择不透气的高弹腈纶袜。

选袜子的诀窍

1.年轻的爸妈不要忽略袜子内面的光爽度。买回来的袜子要翻过来，剪掉里面所有的线头，防止线头缠脚趾引起缺血甚至坏死。

2.宝宝没有脚踝，小腿也很短粗，所以袜筒不宜过长。袜子的松紧口要宽，松紧适度。

3.挑选袜子时，要选接缝密实牢固，袜头袜底厚实的袜子，这样容易穿也不易破。

4.袜子应选稍大一些，以便给宝宝生长的脚留有余地。

5.袜子可多买一些，花色尽量简单，便于搭配。

第85天 培养宝宝的生活规律

进入这一时期，父母应着手培养孩子良好的生活规律，使孩子能按时睡眠、玩耍、吃奶。孩子睡眠香甜安稳，玩耍情绪饱满，吃奶食欲旺盛，不但可以促进其身体健康发育，同时还可推动其神经心理的发育。

要想让宝宝形成一定的生活规律，可以试着按照下面的方法进行：

1.每天早晨在同一时间（比如早晨6点～7点之间）叫醒宝宝。

2.起床后，让宝宝感受早晨的阳光。帮助宝宝认识“早晨”。对于那些很难起床的宝宝，可以在他起床前一点点地调亮房间的光线。

3.进行早晨的“仪式”，如洗脸、换衣服等。关键要养成习惯。

4.晴朗的日子里，在午前或午后可以适量地安排户外散步。不方便散步时，可以在阳台或庭院里晒晒太阳。帮助宝宝认识“白天”。

5.白天尽量安排一些活动量偏大的游戏，夜晚则尽量安排一些安静的游戏。

6.洗澡最迟要在睡觉的1个小时之前进行。

7.夜晚睡觉时关闭不必要的电器，使寝室保持黑暗安静。

8.尽量每天在同一时间进入寝室。

9.进行睡觉前的“仪式”，如换睡衣、刷牙、讲故事、聊天等。养成睡觉前的这些习惯，帮助宝宝认识“夜晚”。

10.合理安排午睡时间。午睡时间的长短是因人而异的，妈妈们最好一边观察是否对夜晚的睡眠有影响，一边来调整适合自己宝宝的午睡时间。

一般来说，在宝宝3岁之前，如果能一直保持一定的生活规律，这就将成为他的基本生活规律，幼儿期节奏混乱的生活状况也就将得到控制和减少。

第86天 婴儿需要什么样的枕头

给小宝宝选枕头可不能马虎，不同时期对枕头需求也不同。

宝宝3个月开始用枕头

新生儿脊柱平直，平躺时背和后脑勺在同一个平面，颈、背部肌肉自然松弛，侧卧时头与身体也在同一平面，如果枕头垫高了，反而容易使脖颈弯曲，甚至引起呼吸困难，以致影响宝宝的正常生长发育。因此，新生儿是不需要枕头的。但为了防止吐奶，必要时可以把新生儿上半身适当垫高一点。

宝宝长到3个月时开始学习抬头，脊柱颈段也开始出现向前的生理弯曲。6个月的宝宝开始学坐，脊柱胸段开始出现向后的生理弯曲，肩部也发育增宽。如果此时不用枕头，头位偏低，会使脑部血液比用枕头时多，可能影响婴儿入睡。因此，3个月宝宝应开始使用枕头。

枕头的高矮、长度

宝宝枕头的高矮应适度，长度应略大于宝宝的肩宽，宽度与头长相等，高度以3～4厘米为宜，并可以根据婴儿不断发育的情况，逐渐调整。

枕套、枕芯的选择

枕套最好用柔软的白色或浅色棉布制作，枕芯的质地应柔软、轻便、透气、吸湿性好，软硬适度，可选择灯心草、荞麦皮、蒲绒等材料填充。民间有用茶叶、绿豆皮、晚蚕砂、竹菇、菊花、木瓜等填充枕芯，但不宜使用泡沫塑料或腈纶、丝棉当填充物。

枕头的软硬度

宝宝的枕头软硬度也要合适。过硬易造成扁头偏脸等畸形，还会把枕部的一圈头发磨掉而出现枕秃，家长常由此误认为宝宝患了佝偻病；过于松软而大的枕头，会使小年龄的宝宝特别是新生儿发生窒息的危险。枕芯一般以荞麦皮或泡过茶后晒干的茶叶为好，不但软硬度合适，吸湿性透气性强，且能清洗。其他如稗草籽等类似的物品也可以。

枕套、枕芯要勤洗勤换

婴儿的新陈代谢旺盛，头部出汗较多，睡觉时容易浸湿枕头，汗液和头皮屑混合，易使一些病原微生物及螨虫、尘埃等过敏源黏附在枕面上，不仅散发臭味，还容易诱发支气管哮喘症或导致皮肤感染性疾病。因此，宝宝的枕套、枕芯要经常洗涤和晾晒。

第87天 和宝宝亲善相处

婴儿的成长，除了供给他物质营养外，还应供给精神上的“营养”，即给予孩子充分地爱抚，和孩子亲善相处也是十分重要的。

无论何时何地，与婴儿在一起时都要对他温和友善。在你和他说话时，给他喂食、洗澡、穿衣、换尿布时，抱他或是和他一起坐在屋里时，所有这些时间里，婴儿都在领悟你们之间的相互关系。当你紧紧拥抱他或者微笑着对他说话时，当你表现出他是你所认为的世界上最好的婴儿时，他会感到愉快，精神由此而得到发展，就像母乳能使他长身体一样。

有些没有经验的父母不了解这一点，他们把带孩子看作是一种重复的事务性劳动，甚至把带孩子看作是一种负担，以至忘了从中取得乐趣。这对于父母和孩子好像都失去了某些东西。

然而，这里所指的要和婴儿亲善相处，并不是让你在婴儿醒着的所有时间里对他连珠炮似地讲话，或者不断地颠摇他或者和他逗乐。那样会使他十分疲劳，从长远看来会使他感到紧张。一般来说，温和文雅、平易近人的友好关系对父母和婴儿都有益处。当你抱着他时，一种舒适感便会进入你的胸怀；当你看到他时，你脸上会出现宁静喜悦的表情，音调也会温柔动听。

亲子小游戏

试着翻

孩子仰卧，把孩子的左腿放在右腿上，妈妈手托孩子腰部，使孩子转身，成俯卧。将玩具放在孩子眼前，引逗他抬头片刻，再翻过身来。然后把孩子的右腿放在左腿上，往左翻。

目的：练习翻身和俯卧抬头。

第88天 教宝宝认识身边的事物

宝宝3个月时，家长可以教宝宝认识周围生活中常接触的事物名称，如床上用品、餐具、家具、食品、家用电器、玩具等。虽然很长一段时间内，宝宝依然不会真正说话，但是这段时期对词语含义的积累，是宝宝以后语言发展的重要基础。

宝宝有了一定的认识能力

3个月大的宝宝不会说话，但宝宝对事物有一定的接受和认识能力，父母要根据宝宝认识事物的特点潜移默化地训练，要循序渐进，不能急于求成。宝宝在会说话之前，就有一定的理解和感悟能力，父母不能认为宝宝不会说、不懂，就不教宝宝认事物。

如何教宝宝认识事物

爸妈可以教宝宝认识身边的常见事物，

比如拿一个苹果在宝宝眼前，一遍遍告诉宝宝：这是苹果，反复多次，虽然宝宝看似没有反应，但苹果的印象和名字慢慢会留在宝宝记忆中。

宝宝一般比较喜欢各种色彩鲜艳、能发出响声、形象生动逼真的玩具，如各种形象的小动物、娃娃、各种交通工具、日常生活用品等。利用各种形象玩具，让婴儿认识事物，在宝宝玩小动物玩具时，可以告诉他小动物的名称，逗引婴儿模仿小动物的叫声，如“汪汪”等。玩玩具娃娃时，可以教婴儿认识五官的名称，如认识娃娃的眼睛、鼻子、嘴巴、耳朵等。玩各种交通工具玩具时，可告诉他这些交通工具的名称、用途、特征及发动的声音。

此外，父母要经常带着宝宝走出家门，让宝宝认识更加奇妙的外面世界，引导宝宝对世界的初步探索。反复地向宝宝介绍各种树木、各色小草、蓝天白云、汽车、楼房等事物。

第89天 宝宝的感官训练

视觉刺激

3个多月的婴儿对周围的环境更有兴趣了，他喜欢用目光追随移动的、颜色鲜艳明亮的玩具，特别是红色。对暗淡的颜色冷漠、不感兴趣，更喜欢立体感强的物体。

3个多月婴儿的视觉与听觉比以前灵敏了许多，此时，可以在孩子床的上方25～50厘米处，悬挂色彩鲜艳的玩具，如各种彩色气球，彩色布球具、灯笼、哗啦棒、花手帕等，但注意不要总将这些玩具挂在一起，要经常变换位置，以免引起孩子斜视。逗孩子玩时，可将玩具上下左右摇动，使孩子的目光随着玩具移动的方向移动，左右可达45°。这样做是促进孩子视觉发育的好方法，但应注意不要让强光直射孩子的眼睛。

听觉练习

听觉是学习语言、运用语言的基础，听觉的发展对语言的发展有重要意义。要在日常生活中发展和训练婴儿的听觉。

为了促进孩子的听觉发育，可以给孩子多听音乐。妈妈也可以给孩子多哼唱一些歌曲，还可以用会发声的玩具逗孩子。声音要柔和、欢快，不要离孩子太近，也不要太响，以免刺激孩子引起惊吓。

剧烈的响声会对孩子产生不良刺激，而轻快悦耳的音乐，可使孩子精神愉快并得到安慰。每天给孩子做操时，可以播放适宜的乐曲，优美的旋律对孩子的智力发育十分有利。如果孩子经常自己躺着没人理睬，对他的要求也不主动理解，不去哄逗，就会影响其心理发育，表情会显得呆板，反应相对迟钝。

亲子小游戏

节奏感训练

放一曲轻柔舒缓的音乐，妈妈把孩子抱在怀里，嘴里哼着，按节拍迈着舞步前后旋转。

目的：发展听觉和节奏感。

第90天 第3个月智能发育测试

分类	项目	测评方法	通过标准
大动作	俯卧抬头离床面90°	宝宝俯卧，两臂放在头两侧，前面用玩具逗引	头抬离床并与床面呈90°
	头能竖直且平稳	抱直宝宝，观察其头竖直情况	竖直超过10秒钟
	俯卧前臂撑	宝宝俯卧，两臂放在头两侧，前面用玩具逗引	用张开的双手或前臂支持身体，脸正视前方
	仰卧转为侧卧	宝宝仰卧在平板床上，用玩具在一侧逗引	不用帮助，自己能从仰卧翻成侧卧
精细动作	手握着手	宝宝仰卧，穿着宽松，使手臂能自由活动，观察两手在胸前的位置	两手在胸前接触、互握
	握住拨浪鼓半分钟	宝宝仰卧，将拨浪鼓或带细手柄玩具塞入宝宝的手中	握住玩具半分钟
认知能力	眼随玩具移动180°	宝宝仰卧，距眼20厘米处摇红线球(直径10厘米)引起其注意，然后慢慢将球移到头的一侧，再由一侧经过中央移向另一侧（180度）	眼或头随红球转动180度
言语	与人“交谈”	宝宝仰卧，家长与其面对面，用丰富的表情和亲切的语言逗引宝宝发音	能“一问一答”的发出声音
情绪与社会行为	认妈妈高兴	宝宝见到妈妈时，观察其是否有特殊表现，如发出声音、急切地看或挥动手脚表示愉快	能表现出对妈妈的偏爱

说明：以上智能发育测试是本阶段宝宝的平均水平。由于宝宝成长发育存在个体差异性，所以，如果您的宝宝某些项目没有达到要求，请不用担心，您只需在以后多加关注和训练即可。

第4个月
开始添加辅食

生命如此动人，在与宝宝相处的日子里，爱围绕着你们。

他像天使，微笑或者落泪，触动你每一寸心扉，他咿呀的话语也只有你能懂得。每个拥抱，每次亲吻，你将自己融化在这温情的海洋里，永远不会离去。

索引 本月内容 分类查阅

第91天 第4个月宝宝发育指标

生理指标

满4个月时，男婴体重5.7～7.6千克，身长61.0～66.4厘米，女婴体重5.3～6.9千克，身长59.4～64.5厘米。

养育要点

1.发展感觉动作技能，即视觉、听觉和触觉与肌肉活动的联合。如眼睛引导手去拿东西、听到声音准确转动眼睛和身体。多给宝宝听音乐，和宝宝说话。

2.给宝宝做翻身操，锻炼宝宝的脊柱及全身的肌肉，帮助宝宝学习翻身的动作。

3.逗引宝宝说话，与宝宝做问答游戏，练习发声，学习“交谈”。

4.适量添加辅食，如蛋黄、米粉、菜泥等。

5.尽可能坚持母乳喂养。母亲工作时，要三小时挤一次，促进母乳分泌。挤出的奶在冷藏状态下，可以留给宝宝第二天吃。

6.有的宝宝已经会翻身了，父母更要当心宝宝的安全。

发育指标

1.俯卧时宝宝上身完全抬起，与床垂直；腿能抬高踢去衣被及踢吊起的玩具；视线灵活，能从一个物体转移到另外一个物体。

2.开始咿呀学语，用声音回答大人的逗引；喜欢吃辅食。

提示

1.该去复查卡介苗是否接种上了。

2.不必纠正宝宝吸吮手指的动作，因为吸吮手指能促使宝宝手眼协调行动。一岁以后，随着宝宝的成熟，自然会停止吃手。

3.孩子发育的个体差异较大，有些指标不能达到不要紧。

体重：＿＿＿＿＿千克　　身长：＿＿＿＿＿厘米

头围：＿＿＿＿＿厘米　　胸围：＿＿＿＿＿厘米

身体情况：

预防接种：第3次服小儿麻痹糖丸，注射第2针百白破混合制剂。

第92天 宝宝的味觉发育迅速

在宝宝刚出生的几个月，你会发现宝宝非常喜欢带甜味儿的食物。到了现在，宝宝对食物的味道就更为敏感了，而且对各种味道已经能明确地区分开来，因为此时的宝宝味蕾功能已经发育完善。所以，如果你给吃惯了母乳的宝宝喂奶粉，宝宝多半会拒绝，不过这只是暂时的现象。每次喂母乳时适当喂点奶粉，然后逐次增加奶粉的用量，宝宝慢慢就会适应奶粉。

此时给宝宝添加辅食，不仅满足了宝宝的需求，还促进了宝宝味蕾的发育，使宝宝适应不同味道的食物。宝宝此时不仅能尝出各种味道，而且能闻出好的气味和不好的气味。如果宝宝不喜欢辅食的味道，就会拒绝吃它，但如果辅食比较合宝宝的口味，宝宝就会表现出极大的兴趣，主动伸手，抓着往自己嘴里送。

儿童营养学家表示，要使宝宝的味觉得到良好的发育，父母应该特别重视宝宝辅食添加期的味觉体验。如果在这个感受性较强的时期，宝宝有了对各种食物的品尝体验，他就会拥有广泛的味觉，以后就乐于接受各种食物。

假如父母给宝宝的食物品种比较单一，宝宝的味觉发育就可能不够发达，尤其是以后接受食物的范围也会比较狭窄，而且不那么愿意接受他从未体验过的食品的味道。有的孩子偏食就是这样造成的。

第93天 开始添加辅食了

4个月婴儿的食量差别很大，有的一次吃150毫升奶就饱了，有的一顿吃200毫升奶还不够，这就必须增加辅助食品，以满足其生长发育的需要。添加辅食的目的就是要补充热能和营养素以满足婴儿生长发育的需要，也为日后的断奶作准备。

添加的每一种辅食对婴儿来说都是一种新的食物，他要慢慢地习惯适应。添加不好会引起婴儿消化功能紊乱，出现腹泻、呕吐。因此，添加辅食必须遵循一定的原则。

一种到多种

最初给孩子添加的泥糊状食物可选用米粉或自制的稀米粥。从加喂第一种食物的第一天起，就应仔细观察孩子的神态、大便和皮肤。如果孩子精神、食欲正常，无腹泻、便秘和皮疹，可在3～5天后添加第二种食物，以此类推。否则应暂停食物的添加。

少量到多量

由于宝宝的营养需求量和消化吸收能力不断增加，食物添加宜从少到多，以蛋黄为例，蛋黄开始只吃1/4个，3～4天无不良反应后可增至1/2个，再渐增至1个。

从稀到稠

食物先从流质开始到半流质，再到固体食物逐渐增加稠度。

从细到粗

以青菜为例，从青菜汁到菜泥再到碎菜，以让孩子逐渐适应吞咽和咀嚼。

少盐不甜

小宝宝肾脏的稀释和浓缩功能较差，过多的盐摄入可增加肾负担，因此小于8个月的宝宝，食物中不宜加盐。此外，宝宝的食物中宜少加糖，过高的糖量有可能导致腹泻，引起肥胖。

忌油腻

主要是指忌油炸食物。因为高温会破坏营养素，且油炸后形成的高脂食物不容易消化，有较强的饱腹感，对孩子的进食将产生不良的影响。

值得提醒的还有，如果为了让婴儿吃上更多的辅食而减少母乳或牛奶的量是不可取的，在这个月龄，婴儿的主食还应是母乳或牛奶，此时的辅食只能作为一种补充食品让婴儿练习吃。

亲子小游戏

拍拍打打

将色彩鲜艳，能发声的玩具挂在孩子胸上方伸手能抓到的地方，让孩子拍打、抓握。玩完后要记得摘下来，下次玩时再挂上。

目的：发展触觉与手眼协调。

第94天 宝宝辅食的烹调要领

制作前的准备

首先是要注意卫生。大人制作辅食前必须剪短指甲，用肥皂反复洗手。患传染病或手部发炎时，不要为宝宝做食物。用来制作和盛放食物的各种工具要提前洗净并用开水烫过。过滤用的纱布使用前要通过煮沸消毒。不管是水果还是蔬菜都要反复清洗，并用开水烫一遍。这样才能保证宝宝吃的东西不会被细菌污染。

其次是要为宝宝准备一套专用的工具，如榨汁机（榨汁、干粉、压汁全带的那种最好）、研磨器、干净纱布等等。一来使用起来比较方便，二来也能避免和成人的餐具混用，形成交叉感染。

烹调时的注意事项

要注意根据宝宝的消化能力调节食物的性状和软硬度。开始时将食物处理成汤汁、泥糊状，慢慢地过渡到半固体、碎末状、小片成形的固体食物。

给宝宝的食物不要用铜质、铝质的炊具来烹煮，因为铜能和一些食物中的维生素C产生氧化反应，破坏维生素C的作用；而铝则会在酸性环境下溶解在食物中，对宝宝的健康不利。

蒸有皮的食品要连皮蒸，蒸完后再剥皮。用蒸、加压或不加水的方法烹煮蔬菜，要尽可能减少蔬菜与光、空气和水的接触。给宝宝制作食物时最好不要添加苏打粉，否则造成维生素及矿物质的损失。

还要注意控制食物的温度。最好不要在微波炉中加高温，以免破坏食物中的营养素。

营养巧搭配

不同类型的食物所含的营养成分是不一样的，这些不同的营养成分在互相搭配上还会产生互补、增强和阻碍的作用。如果能注意到食物中的营养差别，给每一种食材找到它的“最佳搭档”，就能提高食物的整体营养价值，为宝宝的辅食加分。

第95天 过早添加辅食有害无益

不应给婴儿过早添加辅食

有些家长从孩子出生一个月起，就给婴儿加喂米糊或乳儿糕，认为这种半固体的谷类食物比母乳更有营养。其实这是不科学的做法。

母乳所含的营养素和所供给的能量比米糊、乳儿糕多且优。特别是3个月内的婴儿消化谷类食品的能力尚不完善（缺乏淀粉酶等），不宜进食米、面类食品。谷类食品中的植酸又会与母乳中含量并不多的铁结合而沉淀下来，从而影响婴儿对母乳中铁的吸收，容易引起婴儿贫血。

另一方面，婴儿吃饱了米糊、乳儿糕等食品，吸吮母乳的量就会相应减少，往往不能吸空母亲乳房分泌的乳汁，致使母乳分泌量逐渐减少。

什么时候应该添加辅食，不是按宝宝月龄而定的，而是看宝宝是否准备好了接受辅食。国际母乳学会建议妈妈们观察以下几点迹象：

1.宝宝有能力表达拒绝，即宝宝在不想吃东西时，闭上嘴扭转头，以此告诉妈妈“我不要！”。

2.宝宝能够不用辅助，自己坐着，脖子也能够直立。

3.宝宝的舌头推吐反射消失，并具备吞咽能力。

4.宝宝对大人吃饭表现出极大的兴趣，并且能够伸手抓住食品。

过早给宝宝添加辅食危害大

1.宝宝的免疫系统十分脆弱，过早添加固体食品容易引发过敏症。等到时机成熟再添加辅食，宝宝有能力接受，反之则可能造成宝宝一辈子对某些食物过敏。

2.宝宝的消化系统、肾功能尚未健全，过早添加固体食品增添不必要的负担，为将来埋下健康隐患。

3.固体食物的营养，远远没有母乳完全。母乳是根据宝宝的身体需求特别制造的，含有完备的蛋白质、维生素、矿物质、免疫因子等等。添加了固体食品，势必造成宝宝对母乳摄取的减少，从而破坏营养的平衡。

第96天 让宝宝皮肤水嫩的秘诀

造成宝宝皮肤干燥的4大因素

肌肤薄嫩 宝宝的皮肤厚度只有成年人的1/3，因此任何一点刺激都有可能引起宝宝皮肤的不适，如气候的变化、衣服厚度及材质的改变等等，都会使宝宝的皮肤受伤。

皮脂分泌少 宝宝从出生到2个月左右的这段时间里，由于有胎儿时期从妈妈那里获取的激素做保护，皮脂分泌还会比较旺盛。但这段时间之后，原来的“保护罩”逐渐消失，宝宝的皮脂分泌会迅速降低，因此容易变得干燥和粗糙。

水分需求大 宝宝的汗孔密度高，而往往又特别好动，从而造成宝宝体内的水分蒸发量大，对水分的需求也更多。如果不及时补水，宝宝的皮肤就很容易出现状况。

气候、环境等外界因素变化 秋季以后降水量减少，太阳照射强烈，空气也变得不像夏季般湿润，而宝宝的肌肤调节能力和抵抗能力都还较弱，因此干燥也就成为了宝宝皮肤的普遍现象。

秋冬季宝宝该如何防干燥

宝宝皮肤需要3年时间才能发育到与成人皮肤相同，在此之前，无论是在功能上还是结构上都与成人有很大的差别，由于宝宝皮肤尚未发育成熟，所以显得特别娇气敏感，易受刺激和感染，在护理宝宝时，应选用经特别配方的婴儿产品，既能全面保护宝宝皮肤，又不含刺激成分。

正确使用润肤产品 宝宝皮肤的真皮及纤维组织较薄，非常幼嫩敏感，而且抵抗干燥环境能力较差。含天然滋润成分的乳液（润肤露）、润肤霜一般含有保湿因子，能有效滋润宝宝的皮肤；润肤油一般含有天然矿物油，能够预防干裂，滋润皮肤的效果更强。

外出注意做好防晒 宝宝色素层较薄，皮肤色素细胞较少，容易受阳光中紫外线灼伤。阳光虽有利于宝宝的健康成长，但阳光中的紫外线会损伤宝宝肌肤中的天然组织。所以在外出时给宝宝涂些防晒护肤品是必不可少的。宝宝防晒要选用专业婴儿防晒润肤露。

留下天然保护膜 宝宝皮肤发育不完全，控制酸碱能力差，他只是靠皮肤表面的一层酸性保护膜来保护皮肤。可使用婴儿沐浴露系列或婴儿香皂等纯净温和的产品为宝宝沐浴，彻底清洁宝宝肌肤的同时，给宝宝肌肤留下天然保护膜，滋润幼滑，同时有效抵御细菌。

育儿箴言

人类不像其他动物那样，生来具有协调的动作，人必须学会协调自己的动作。

第97天 从舌头看宝宝健康状况

宝宝身体的细微变化，都能从小舌头上反映出来。小舌头就是孩子健康情况的“晴雨表”。健康孩子的舌头应该是舌体柔软，伸缩活动自如，大小适中，舌面有干湿适中的薄苔，颜色淡红且口内无异味，即“淡红舌，薄薄苔”。

不要忽视地图舌

如果发现宝宝舌面上的舌苔出现了不均匀的剥落，好像地图模样的舌苔，这时家长应该引起重视。

有地图舌的孩子大多是与脾胃消化功能疾病有关系，要在治疗、调理脾胃消化功能时，在饮食上多注意调理，要多喝水。

舌头发红有浮苔

宝宝感冒发热时，舌质会发红，通常手心发热而手背较凉。由于发热，会导致身体内的消化酶受到影响，所以通常宝宝的大便会比较干燥，这些情况经常会发生在一些上呼吸道感染的早期或传染性疾病的初期。

这种情况下，建议家长在饮食上以清淡的流质食物为主，多喝水，少吃冷饮、甜食，少吃肉及油腻的食物，夏天空调房内的温度不要太低，并且及时为孩子治疗引起发热的原发疾病。

舌苔厚苔白腻

有的宝宝饮食不规律，饥一顿饱一顿，就会引起消化功能的紊乱，这样宝宝就会引起食积，此时，宝宝的舌苔厚，舌质红，苔白腻，有一层厚厚的黄白色垢物，大便秽臭干结，口中会有秽臭味。

对于这种情况，在孩子的膳食安排上需要以清淡食物为主，吃些粗纤维的食物，可以适当服用一些助消化的药物，如果宝宝便秘，还可以适当地进行一些腹部按摩。

舌头上光滑无苔

当宝宝舌头上光滑无苔时，说明宝宝津液耗伤，可能处于久病状态，这时需要及时就医。

而有时宝宝吃了某些药物或食品，往往也会使舌苔的颜色发生变化，这些均不属于病苔，千万不要将正常的舌苔误认为病苔，以免虚惊一场。另外，辨别舌质变化可作为孩子健康的参考，但绝对不能根据情况完全自行处理，必要时一定要去医院就诊。

亲子小游戏

“斗斗飞”

把孩子放在怀里，妈妈双手握住孩子双手，使孩子握拳伸出食指，将孩子两食指相碰再离开，同时妈妈说：“斗、斗、斗、斗、双连飞。”反复玩，使孩子一听到妈妈念“斗斗飞”，就会把两食指相碰。

目的：发展言语动作协调。

第98天 训练宝宝用匙吃食物

这个时期，当婴儿开始添加辅食时，就要遇到用匙的问题，因为好多食物是不能用奶瓶喂的。为了能使婴儿尽快地接受辅食，练习用匙喂食是很重要的，这也是为日后顺利断奶打基础。

开始用匙喂时，婴儿肯定会不习惯，以往只要唇一吸就到嘴，而现在却要面对匙这样硬邦邦的东西，且不说食物的味道和质地发生了变化，光是匙本身就足以让他反感。这不要紧，父母可在每次喂奶前先试着用匙喂些食品或在吃饭时顺便喂些汤水，时间一久，等他慢慢习惯了，觉得匙中之物是好吃的了，就会接纳匙了。

有时，父母看到孩子把喂进去的食物又用舌头顶出来，以为孩子不愿吃，索性就不喂了。其实不是孩子不愿吃，只不过他的舌头不灵活，不好使而已，多喂几次就熟练了。

练习用匙喂，也是在给孩子进行食物教育，父母关键要引导孩子主动地去学习吃食物。让孩子在不断品尝到新的滋味中，激发他们吃食物的热情，只有接受了匙，婴儿才能在匙中吃到丰富的食物，才能享受到人生的这种乐趣。

第99天 让宝宝快乐进食的方法

无论是母乳喂养还是人工喂养的宝宝，这时都需要添加辅食。如果宝宝不容易接受，可以通过一些方法来让宝宝吃得更开心。

保持愉快的进餐氛围

若宝宝到了吃饭时间还不觉得饿的话，不要硬让他吃。常逼迫宝宝进食，会让他觉得吃饭是件令人讨厌的事，长此以往则会产生排斥心理。父母也不要急于把宝宝调教成小绅士或小淑女，对他们提出不合理的饮食要求，如一定要用筷子、喝汤不能滴出来等，这些要求宝宝暂时不能达到，反而会让他觉得沮丧而影响用餐情绪。

备套漂亮的儿童碗筷

这个时期的宝宝见了颜色鲜艳，漂亮的东西，都会非常兴奋，忍不住要上前摸一摸。所以你可以给宝宝选用一套颜色鲜艳，有可爱的动物图案的碗筷（你也可以带上宝宝和他一起选），相信宝宝见了这样的碗筷，食欲会大增，吃起饭来也会顺利许多。

鼓励宝宝独立进食

宝宝的手已经慢慢有一定的握力，他想自己动手吃饭，这时你要鼓励他自己进食，给他学习的机会。如果宝宝喜欢用手抓东西吃，可烹制易于手拿的食物，满足宝宝的欲望，让他觉得吃饭是件有趣的事，这样宝宝的食欲也会更加旺盛。

多给宝宝做示范

这时的宝宝已经有了一定的咀嚼能力，但有时宝宝会习惯性地用舌头将食物往外推。你可以给宝宝示范如何咀嚼食物并且吞下去。可以放慢速度多试几次，让他有更多的学习机会。

第100天 从宝宝的指甲看健康

宝宝的指甲正常是粉红色的，很光滑，有韧性，甲半月颜色稍淡。如果宝宝的指甲出现异常，往往是疾病的外在表现。

指甲的构成

指甲也叫甲板，前端是甲尖，后部在皮下的组织叫甲根或甲基。甲根下的组织叫甲母，覆盖甲板周围的皮肤叫甲廓，甲廓前边半月形的淡色区就是半月甲。

颜色异常

甲板上出现白色斑点，多见于正常儿童，或者为一时性损伤。真菌感染多伴有黄甲和形态改变。如果甲半月呈红色，多属心脏病。贫血时成淡红色。

形态异常

甲板出现横沟可能是患了麻疹、猩红热等急性热病，代谢性疾病也会出现这种情况。

甲板出现竖沟多见于甲质受损及皮肤扁平苔癣。

甲板变薄变脆有纵向突出的棱，指甲容易撕裂、分层，这是一种营养不良的表现，也可见于扁平苔癣等皮肤病。

甲板出现凹窝可发生在银屑病、湿疹等患儿。

纵向破裂可见于甲状腺功能低下、脑垂体前叶功能异常等患儿。

硬度异常

硬甲甲板增厚，越到指尖越厚，既可由先天因素造成，也可因后天长期刺激引起。

育儿箴言

生命的初期，一定要从环境中吸收大量的讯息，这是心智活动最频繁的时期，孩子需要从环境中吸收一切的事物。

第101天 给宝宝补钙要适量

钙在小儿生长发育中占有重要的地位，不少家长重视给小儿补钙，但是，“物极必反”，过度补钙将对小儿造成种种危害。

补钙过多的危害

在眼内房水中钙浓度过高，可沉淀为晶体蛋白，引起白内障失明。若钙在眼角膜周边沉积将会影响视力。

肠道中过多的钙会抑制铁、锌等二价离子的吸收，造成继发性的缺锌和缺铁，从而导致小儿厌食、贫血、乏力、生长发育缓慢和免疫力下降。

骨骼过早钙化，骨骺提前闭合，使长骨发育受到影响，终末身高受到抑制。此外骨中钙的成分过多，使骨质变脆，容易发生骨折。

血钙过高使软骨过早钙化，前囟门过早闭合，形成小头畸形，制约了宝宝大脑发育空间。

极少数小儿过量补钙会患上“鬼脸综合征”，表现为大嘴、上唇突出、鼻梁平坦、鼻孔朝天、两眼距离远。

怎样科学地补钙

一般来说1岁内的小儿每日需要钙为500毫克，1岁以上逐渐增多，3岁以后达1200毫克，与成人相似。除去每日食物中的钙外，可以用钙剂补足缺少的量。食物补钙较药物更安全。母乳及母乳化配方奶是婴儿首选的补钙食品。较大的小儿每天吃300毫升左右的奶，加上蔬菜、水果、豆制品、虾皮或鱼肉，就可以满足生长发育的需要。在特殊情况下，如患佝偻病、结核病、用激素类药物治疗等需用钙剂补充，此时应在医生指导下服用。

纠正补钙的几种误区

骨头汤可以补钙 不少家长认为给宝宝喝骨头汤可以达到补钙的目的，其实骨头汤中的钙含量很少，不能达到补钙的目的。

单吃钙就可补钙 钙的吸收主要靠维生素D，所以小儿要补充维生素D和多晒太阳，否则钙补再多也很难被吸收。

补钙可以加快骨愈合 骨折的小儿一般不会缺钙，若多补了钙会增加泌尿道结石的机会。

钙混牛奶中吃 混在牛奶中的钙只能吸收20%。应在喂奶后1～2小时给孩子补钙。

亲子小游戏

不倒翁

不倒翁是一件传统的玩具，现在有很多种形态的，但道理都一样。给孩子玩不倒翁，可以让孩子体会到推得重就摇动幅度大，推得轻就摇动幅度小，但总不会倒的感觉。

目的：引起孩子的好奇心锻炼手的灵活性。

第102天 宝宝生病慎用抗生素

给宝宝进行抗菌治疗要谨慎，不能盲目依赖抗生素，患有感染不要自作主张，随意购买抗生素治疗，滥用抗生素容易造成宝宝久治不愈。

宝宝生病了可以用抗生素吗

抗生素是宝宝在生命活动的过程中将其体内细菌有选择杀死或抑制的生物机能的一种化学物质，但有的时候抗生素也会杀死一些胃肠内的有益细菌。

有的妈妈，只要宝宝生病了，就给宝宝使用抗生素，其实这种做法是不对的。

妈妈如果要给宝宝使用抗生素，首先应该去医院给宝宝作一个血常规检查，看宝宝的白细胞是否异常。若偏高，要在医生的指导下了解可以使用哪一类抗生素，否则不要使用抗生素。

每一种抗生素对每一种致病菌药效是不一样的，所以应该选择合适的抗生素。

经常使用抗生素有什么危害

1.宝宝经常使用抗生素会产生抗药性，也就是宝宝下次使用这种药的药效就降低了。

2.宝宝经常使用抗生素，会使处于生长发育阶段的宝宝的神经系统、肾脏、胃肠道受到伤害，严重的会出现肾衰。

3.经常使用抗生素，会使宝宝的菌群失调，如大肠杆菌等敏感菌被抑制，宝宝会出现便秘或肠炎等疾病。

第103天 怎样给宝宝喂药

宝宝服药较困难，这是由于婴幼儿不会主动吞咽药物，惧怕吃药，药物味苦难以下咽，以至于拒绝张口。给宝宝服药成为家长们普遍头痛的问题。

如宝宝不张嘴时，家长常用手捏紧宝宝鼻子迫使宝宝张口，把药物从口中灌进去，这种喂药方法是极不恰当的，常会导致宝宝呛咳，易将药物吸入气道。家长应尽量避免这种粗暴的做法。在宝宝吃药前，尽量不要让宝宝知道要吃药，以免宝宝恐惧。

另外，要将药物制成水剂或乳剂，也可将片剂研成细小粉末，临时混入果汁、糖浆或其他宝宝适口的液体中喂服，这样宝宝即可在不知不觉中食入药物。

对年龄较大的宝宝应训练其主动吞咽药片，并加以鼓励。对处于昏迷状态不能咽食或拒绝服药的宝宝，应改用注射或静脉给药，必要时可经鼻插管鼻饲药物，也可由肛门直肠灌入。

在给宝宝喂药时，应注意防止宝宝将药物吐出，具体做法是让宝宝头部略后仰，药物尽量倒在舌体后部或舌两侧，这样宝宝不易吐出。另外可以用眼水瓶或注射器从宝宝牙列外面插到颊部，将药液注入，头略后仰，药液即流入到咽部，进而咽进胃中，因不经舌，宝宝很难将药物吐出。

第104天 预防小儿缺铁性贫血

铁，是人体造血原料之一，是人体必需的矿物质。如果人体缺乏铁，可引起缺铁性贫血。铁可以合成红细胞中的血红蛋白。如果铁缺乏，幼红细胞成熟就会受阻，出现细胞浆的发育落后于细胞核的不同步现象，这样就会使红细胞血红蛋白的含量降低、体积变小。所以，缺铁性贫血又称为小细胞性贫血。

对缺铁性贫血主要在于预防，在小儿喂养上要注意以下几点：

人工喂养的小婴儿要及时添加辅食：由于奶中含铁量较低，远不能满足婴幼儿生长发育的需要，而从母体中获取的铁到6个月时都已用尽，因此必须及时补充。

选择含铁丰富、铁吸收率高的食物给婴儿吃。下表列举了一些食物的含铁量，父母可选择一些食物给宝宝作辅食。表中的单位是每100克食物所含铁的毫克数。

不同食物(100克)含铁量(毫克)

食品名称	含铁量(毫克)	食品名称	含铁量(毫克)	食品名称	含铁(毫克)
黑木耳	185.0	海带	158.0	紫菜	320
猪肝	250	香菇	230	黄豆	110
芹菜	8.5	蚕豆	7.0	蛋黄	7.0
小米	4.7	油菜	3.4	牛肉	3.2
羊肉	3.0	菠菜	2.5	瘦猪肉	2.4
胡萝卜	1.9	白萝卜	1.9	菜花	1.8
鸡肉	1.5	大米	0.7～1.8	牛乳	0.1
母乳	0.1				

动物性食品铁吸收率较高，大约为20%；植物性食物铁吸收率较低，约在10%以下。大豆中的铁吸收率较高，可给宝宝适量食用。

积极治疗胃肠疾病：对慢性腹泻要彻底治愈，以免铁吸收不良。

婴儿患贫血后，一方面要注意调理好孩子的饮食，另一方面应在医生指导下，服食铁剂，多吃含铁量高的食物，防止婴儿感染其他疾病。一般经过治疗，血红蛋白可恢复正常值。

第105天 宝宝在家游泳注意事项

游泳器材最好选专业的

游泳圈 宝宝的游泳圈是要套在脖子上的，所以要依据宝宝的颈围选用合适的泳圈型号。

泳池 婴儿泳池的形状有很多，通常深度不要小于50厘米。如果你不知道买哪个牌子的游泳器材，最简单的方法就是借鉴医院或朋友使用的品牌。

室温、水温和游泳的时间

室温在28℃左右，水温在38℃左右，特别是3个月以内的宝宝，如果室温、水温达不到要求，很容易让宝宝受凉。

宝宝游泳隔天一次最好，吃完奶1小时后游泳最合适，原则是只要宝宝精神好就可以开始游泳了。每次游泳的时间一般在10～15分钟，具体情况视宝宝的体质和月份而定，如果宝宝在水中游得快乐说明他还不累，如果他开始哭闹说明他已经疲劳应该停止游泳。

游泳时周围环境不能太刺激

在宝宝游泳的整个过程中，周边的环境会对宝宝的大脑形成一个完整的刺激，千万不要误以为宝宝小，什么都不懂，其实宝宝什么都懂，只是尚不能用语言表达而已。宝宝游泳的环境里，周边有色彩鲜艳的画面和温柔的音乐，能让宝宝身心放松。但同时不要在宝宝面前走来走去，这样会让他紧张。

游泳过程中的注意事项

1.在给泳池放水的过程中，最好用混合阀将水温调整至38℃左右，如果冷热水分开放入，请用手搅匀，务必让上下水温一致。

2.泳池放水的深度，视宝宝的身高而定，以宝宝在游泳时脚不触及桶底为原则。

3.泳池内放些可漂浮、能发声的小玩具，以备宝宝边游边玩。

4.给宝宝套泳圈时，动作要轻柔。把宝宝放入水中时要慢一点，让他适应水温和漂浮的感觉。

5.游完泳要迅速擦干宝宝身上的水，注意保暖。可以准备柔软的浴巾和婴儿润肤油，游泳结束给宝宝做个按摩，帮他放松。

不宜游泳的情况

不是每个宝宝都适合游泳，以下情况的宝宝不适合在家里游泳：

1.新生儿阿氏评分低于8分。

2.脐部有感染的宝宝。

3.小于32周的早产宝宝或体重低于1800克的低体重宝宝。

4.宝宝生病时。

育儿箴言

听力及视力是开启心智之门。

第106天 母婴交流的4种方法

婴儿期的宝宝和妈妈接触最多，有关的育儿专家对始于母婴间的4种交流，进行了研究，发现母亲对宝宝吃和睡的照料也是发展宝宝智力的重要环节。

触觉交流

母婴间的触觉交流，最常见的是母亲为婴儿授乳。因为，授乳不单是为婴儿提供生长发育的营养，而是为婴儿最初的触觉产生和发展提供条件。婴儿以其最为敏感的口角、唇边和脸蛋，依偎着温暖的乳房后，能在大脑中产生安全、甜蜜的信息刺激，这对其智力发育起催化作用。母亲经常抚摸、拥抱婴儿所产生的肌肤接触，也会获得同样的效果。

视觉交流

婴儿出生1个月左右，视网膜已经形成，但中心凹尚未发育成熟，故其可见距离不会超过40厘米，可见区限于45度，几乎只能见到眼睛正前方。不过，此时他们对于人脸，特别是人眼已有识别能力。母亲在喂奶时，婴儿会边吃边用眼睛直视着母亲的眼睛，这是婴儿情感发育过程中的视觉需要。因此，婴儿可在吃奶速度和进奶量上，达到所需要的标准；失去这种交流，婴儿吃奶时会频繁转身摇头，甚至烦躁不安。当然，除授乳以外，平时多与婴儿作对视交流。对于人工喂养的婴儿，母亲在使用奶瓶授乳时，更应有这种视觉交流。

嗅觉交流

婴儿的嗅觉相当灵敏。刚出生几天的婴儿，便能闻出气味的好坏。研究表明，把浸过母乳的布片靠近婴儿鼻端，婴儿会顿时止哭而做出寻乳的姿态。由于婴儿能嗅出是不是母亲，故婴儿期由母亲陪睡可产生良性刺激，有利于其智力发育。

听觉交流

研究表明，婴儿出生一周后，即能分辨出人声或物声。这是因为，婴儿自出生起，便有声响需要，并能从各声响中产生“诱发效应”，从而很快以声音辨别是不是母亲。可别小看母亲与婴儿间地“对话”，细心的母亲会发现，在对婴儿说话时，他会动手动足，一副满足的模样。更重要的是，多与婴儿“对话”，可使大脑正处在急剧发育中的婴儿，很快呀呀学语，为日后语言发展奠定良好的基础。

由此可见，年轻妈妈和婴儿的密切接触与交流多么重要。

育儿箴言

幼儿的手十分精细和复杂，它不仅使心灵得以展现，还能使自己跟整个环境建立一种特殊的关系。

第107天 宝宝开始咿呀学语

人的思想感情、愿望和要求，可以用表情、手势、身体动作来表达，但更重要的是用语言来表述。人的语言的发生和发展，包括对语言的理解和表达两个方面。理解和表达都有一个反复训练过程。

4个月的婴儿在语言发育和感情交流上进步较快。高兴时，他会大声地笑，且声音清脆悦耳；当有人与之讲话时，他会发出各种声音来搭腔。家长应该抓住这个时机，尽早开发婴儿的语言功能。比如，4～5个月的婴儿已能分辨不同人的声音，特别听到母亲的声音时，格外兴奋。父母要多和婴儿说话、交谈，以利于婴儿的听力发展和引逗婴儿模仿发音，或者让婴儿多听一些轻松愉快的音乐和歌曲，以促进听力和语言的开发。

语言是开发智力的工具。在婴儿语言的发生和发展中，家长的引导非常重要。在儿童学习语言的过程中，大多数婴儿都经过这一咿呀学语阶段。一开始，婴儿是由于咿呀学语本身的乐趣而不停地发声，到了后来，由于父母参与引导，强化了孩子学语，使得婴儿从没有意义的咿呀学语过渡到富有意义的说话。

亲子小游戏

“再见”

家里客人，或爸爸妈妈出门，要教孩子“再见”。孩子不会说时，大人抱着他，挥动他的手，大人口中说：“再见”。会说话以后，他就能主动摇手并说“再见”。

目的：理解简单语言。

第108天 掌握宝宝的睡眠规律

这时的宝宝已经会翻身了，所以宝宝会选择适合自己的睡眠姿势，你不用强求宝宝用哪种姿势睡眠，如果看到宝宝保持某个姿势的睡眠时间较长，帮他变换一下姿势就可以了。

这个月龄的宝宝睡觉时间明显变短了，而晚上睡得比较香，有的宝宝甚至一觉睡到天亮。一般每天总共需睡15～16小时。大部分的宝宝上午和下午各睡2个小时，然后晚上8点左右入睡，夜里只起夜1～2次。

每个宝宝都有自己的睡眠时间及睡眠方式，爸爸妈妈要尊重宝宝的睡眠规律而不应强求，要保证宝宝醒着的时候好好玩，睡眠时安心地睡。

如果宝宝白天睡得比较香。妈妈不要硬把宝宝叫醒喂奶，否则会使宝宝烦躁哭闹，同时也影响宝宝的食欲。

如果宝宝在白天醒着的时间比较长，你就应该多逗他玩，让他快乐，这样宝宝晚上才会睡得香，而且睡的时间也比较长。但值得注意的是，晚上入睡前不要逗宝宝玩，以免因过度兴奋而影响睡眠。

有的妈妈对孩子“爱不释手”，孩子吃饱后还要把他抱在怀里，摇晃着、拍着，或是让孩子叼着乳头、空奶嘴，这都不是好习惯。妈妈一定注意在孩子睡前不哄、不拍、不抱、不摇，更不要吃东西、叼奶头。到该睡的时候，把孩子放到床上让他自己睡。小婴儿还没有养成按时睡的习惯，可给他放些轻柔的催眠曲，使孩子建立起睡眠的条件反射。等到孩子养成按时入睡的习惯，就不必放音乐了。

第109天 宝宝出汗多正常吗

不少家长会因为宝宝睡觉时多汗而去医院求诊。有些家长还强调宝宝是因为体质虚弱，因而虚汗不断。医生则常告诉家长，小儿睡觉出汗多，有相当一部分是属于生理性多汗。

宝宝多汗很正常

宝宝生长发育特别快，代谢比较旺盛，再加上活泼好动，正常的代谢需要消耗能量，体内产生的热量多，自然出汗也较多，借此来散发体内的热量。有些宝宝稍微一活动就很自然地出汗，这叫做自汗。

如果只是单纯的少量出汗，平时还是爱活动、兴奋活泼、饮食正常或者偏多，生长发育良好，没有其他不适应的症状，宝宝就是非常健康的。

生理性多汗

宝宝多汗大多是正常的，医学上称为生理性多汗。

如夏季气候炎热而导致小儿多汗；婴幼儿刚入睡时，头颈部出汗，熟睡后汗就减少；宝宝活动后出汗多；冬天宝宝衣服穿得过多，晚上被子盖得太厚，加上室内空调温度过高，使得宝宝过热而出汗多。有的宝宝出汗仅限于头部、额部，俗称“蒸笼头”，亦是生理性出汗，父母不必担心。

病理性多汗

宝宝由于某些疾病引起的出汗过多，表现为安静时或晚上一入睡后就出很多汗，汗多可弄湿枕头、衣服，称之为病理性出汗。如婴幼儿活动性佝偻病、小儿活动性结核病、小儿低血糖、吃退热药过量及精神因素，如过度兴奋、恐惧等。有的宝宝有内分泌疾病（如甲状腺功能亢进等），都可引起病理性出汗。每种疾病除了出汗多以外，还有多种其他疾病表现，父母需带宝宝去医院就医，进一步做有关的检查。

第110天 锻炼宝宝手眼协调能力

前一阶段的婴儿，由于手眼不协调，看见喜欢的东西时，尽管表现出兴奋、手臂舞动，但还不能准确地抓住。

进入这个时期，随着视觉和运动功能的不断发展，婴儿不仅能够用眼睛观察周围的物体，而且可以在眼睛地支配下，准确地抓住东西。一看到感兴趣的东西，立即伸手就抓，一边在手里翻来倒去，一边目不转睛地盯着看，有的宝宝甚至还能把东西从一只手传到另一只手。这表明，手眼的协调功能逐渐增强。

另外，手的精细动作及翻身、坐起等大运动的发展，有助于婴儿手眼协调运动的发展。而手眼协调运动的发展对促进儿童心理的发展有着非常重要的作用。因此，在发展婴儿运动功能的同时，父母要注意引导婴儿手眼协调功能的发展。比如，在孩子的视野范围内，先吸引他们注意地板上的一件玩具，再鼓励他用手去触摸，然后问孩子：“玩具在哪儿？”经过多次训练，孩子就会随着眼睛的转动，手自然地去摆弄起玩具了。

宝宝通过玩弄物品，可从中感觉物体的大小、形状、颜色、软硬等，从而加深对物体特征的认识，使宝宝从中学到更多的东西。

亲子小游戏

球跑了

孩子俯卧，妈妈将一滚就发声的球放在孩子手边，孩子伸手触球，球滚开了。妈妈将球滚过来，孩子会有追球的动作。

目的：练习俯卧。

第111天 宝宝开始认人了

俗话常说，婴儿精神发育的规律是“一哭、二笑、三认母”，意思是婴儿出生第一个月会哭，第二个月会微笑，第三个月能认识母亲，见到母亲脸面会露出笑容。

这个时期的婴儿对周围环境的认识又进了一步。能认识母亲的脸，一见母亲就笑，母亲要是突然从身边离开他就会哭。从这一时期末开始，小儿对周围的人还会持选择的态度，当看到陌生面孔时就会变得敏感、呆板、躲避，甚至哭闹，不要生人抱。这种行为称作“认生”或“认人”。

对于婴儿出现的这种现象，心理学家们是这样解释的：他们把三岁前的婴幼儿期称为“图谱时代”，就是说三岁以前的儿童认识外界事物时，不是对事物的某些特征进行分析辨认，而是把事物当做一个综合整体——图谱来接受的。初生的孩子没有辨别人面孔的能力，到了3～4个月后，由于母亲或其他亲近他的人反复在孩子的眼前出现，这张面孔就作为同一图谱不断地传入大脑留下印象，这样就产生了最初的记忆。以后，当熟悉的面孔出现时，孩子就会认得这熟悉的面孔，并根据已经建立的条件反射，知道母亲就要给他喂奶或抱他玩，因而表现出天真活泼的表情，做出“认人”的表现。

这时候的孩子对与母亲形象相近的、年龄差不多的、穿着打扮一样或相近的女子也会表示好感。如果出现的是另一张陌生的面孔，因为陌生人的“图谱”和孩子大脑中妈妈的“图谱”差别太大了，孩子就会因“认生”而做出不要的表示，或者又哭又闹。

第112天 宝宝的安全防护不可少

从第4个月开始，宝宝的白天活动便多了起来，他不仅可以在床上翻身，而且还能挥舞胳膊、双腿乱蹬，但自己并不能独自坐起来。宝宝喜欢这里摸摸，那里看看，什么东西都爱放进嘴里尝尝。因此在护理宝宝时需要多留心他的各种举动。

在童车里

这时家长可能会给宝宝配童车，因为在童车里宝宝不仅可以坐，可以半卧，还可以平躺着，非常安全。家长在照顾宝宝的同时，又可以干自己的事。不过，家长一定要把童车放在自己的视野之内，以便随时都能看到宝宝的举动。这样家长不仅可以经常带宝宝外出，又可以边干活边照顾宝宝。

如果家长要用童车带宝宝出去玩，记得出发前给童车做个“全身检查”，以免因车子的任何部件特别是车轴的地方出故障而发生意外。

洗澡时

家长可以让宝宝在大一点的澡盆里洗澡，以使宝宝有充分的活动空间，要知道他现在是个爱动爱跳的宝宝。因为这时的宝宝非常喜欢边洗澡边玩耍，家长最好在澡盆里放一个防滑垫，以使宝宝洗澡时不会滑倒。因为此时宝宝的皮肤还非常柔嫩，即使性质最柔和的洗发精也会刺激宝宝的眼睛，而且当水流下来时宝宝也不会低头或闭眼，所以你最好给他戴一个护脸罩。

刚洗完澡的宝宝全身非常光滑，如果家长把他放到椅子或者什么光滑的物体上，很容易滑倒，所以要立即将他的身体擦干。此外，还应注意的是，在整个洗澡过程中，都不要让宝宝一个人待在浴盆里，即便他已经会坐了也不行。

玩耍时

这时的宝宝白天活动特别多，特别喜欢玩耍，因此家里的药品、洗涤用品这些含有毒性物质的东西，要放在宝宝摸不到的地方，以免他误食；刚煲好的热汤或做好的热菜都要放在远离宝宝的地方，以免烫伤他；而宝宝玩的玩具也要经常洗涤消毒，以免把玩具上的细菌吃到嘴里；宝宝的床边不要放危险物品，例如电熨斗、热水瓶之类的，以免发生意外。

第113天 选购适合宝宝的玩具

婴儿不能玩太复杂的东西，他们接触世界大多是通过视觉、听觉和触觉。因此他们更喜欢凑很近看人们的脸，喜欢色彩鲜艳而且有声音的东西。

适合宝宝的玩具

小挂件 那些转动的小部件会吸引他的注意力；注意把它们放在孩子能看见的较低的地方。最好的小挂件是每隔几天就可以改变一下形状。

可挤压或吸吮的玩具 一些圈状的和其他各种形状的橡胶玩具，婴儿可以很容易抓住，也可以放进嘴里。

柔软的玩具或球类 最好的是那些制作简单、用料不同的玩具。

塑料套膜照片和小镜子 这些应该挂在宝宝的小床边，让宝宝看得到。

拨浪鼓、铃铛等有响声的玩具 孩子投掷、拍打、挤捏、吸吮玩具时，它们会发出声音。

选择玩具的注意事项

1.色彩鲜艳，色块大，不乱。

2.无毒无污染。

3.玩具上尽量少有小装饰物，如果有眼睛，应是不易摘下的那种。

4.易于清洗消毒。

5.玩具是孩子的玩具，要孩子喜欢玩才行。

适合不同月龄宝宝的玩具

孩子的智力发育、性格、兴趣爱好不同，喜爱的玩具也不同。以下仅供参考。

新生儿 八音盒，会动带响声的玩具。

3个月 颜色鲜艳，能发声的玩具。

4个月 用手捏便会叫的塑胶玩具。

5个月 能让孩子用手抓住的玩具。

6个月 长毛绒玩具，孩子能拿住即可，不要太大。

8个月 图片，镜子。

10个月 积木，简单的插接玩具。

12个月 拖拉玩具。

第114天 用彩色图片教宝宝认识事物

当孩子视觉发展以后，彩色图片对他有足够的吸引力，妈妈可以通过图片教他认识事物。

开始时可将孩子抱在怀里给他看一些简单的画。这些画色彩简单明快，画中的物体要大而清楚，比如画上只是一只猫、一条鱼、一个杯子。

在看图片时，妈妈要告诉孩子图片上东西的名称，告诉他图片上主要的颜色，并可就图片的内容编个儿歌、小故事说给孩子听。如果是小动物，就学着动物的声音叫几声，例如“小猫喵喵喵”、“小狗汪汪汪”、“小鸭嘎嘎嘎”，增加游戏的乐趣。也可讲解图片：“小猴吃桃，猴子最爱吃水果。小猴淘气，爱上树。”等等。不要担心孩子听不懂，慢慢他会明白的。

妈妈跟孩子一起看图可教会他不少东西，图片中的内容可由简单到复杂，一张图片中可有多种物品和事物，帮助孩子认识世界。看画也是训练语言发展的手段，妈妈边看边说，让孩子听着各种不同的声音，他也慢慢学着发声。家长应了解，小婴儿注意力集中时间很短，孩子显得不爱玩了，不要勉强。

第115天 体能训练，让宝宝坐得稳

你可能发现，此时的宝宝肌肉力量有所增强，身体的协调性也增强了，渐渐地要学习坐了。不过想让宝宝坐得稳，需要做些体能训练，以增强宝宝的肌肉力量。

手部训练

拿一个宝宝的手能抓住而且带响的玩具，比如摇铃、拨浪鼓等，在宝宝的上方或两侧摇动，先使宝宝听到声音并看到玩具，然后再让宝宝去抓握。每日训练数次，每次数分钟。在能持续抓握5秒钟以上时，再进行够取玩具训练。训练时，妈妈和爸爸可用一条小绳系上一个宝宝能够够得着、抓得住而且对宝宝具有吸引力的玩具，在宝宝面前晃动几次，引逗宝宝伸手去够取或把着他的手让他够取玩具。左右两手都要练习，以训练宝宝手部肌肉紧张和放松能力。

头部训练

在巩固第2个月、第3个月时进行的俯卧抬头训练的基础上，当宝宝俯卧时头部能稳定地挺立达90度时，妈妈或爸爸站在距宝宝1米左右的地方，手拿摇铃或一捏就响的玩具逗引宝宝，训练宝宝用前臂和胳膊肘支撑起头部和上半身的体重，使宝宝的脸正视前方，胸部尽可能抬起。每日训练数次，每次数分钟。同时，还要用手抵住宝宝的足底，观察宝宝有没有向前爬动的意思，为将来练习爬行做准备。

翻身训练

这个时期还要继续训练宝宝翻身。通过翻身，可以让宝宝的身体更加灵活，为坐做好准备。

亲子小游戏

手指游戏

妈妈抱着孩子，唱歌谣：

老大扛猎枪，
老二打灰狼，
老三去炖肉，
老四吃得香，
可怜小老五，
只能喝点汤。

妈妈念到哪个手指，让孩子伸出哪个手指。

第116天 认知训练，开阔宝宝眼界

随着宝宝手眼协调能力的增强，宝宝能接触到的刺激物也逐渐增加，宝宝的大脑也逐渐感受到更多的刺激，这对宝宝大脑细胞的发育是极其有利的。此时，爸妈的主要任务是带领宝宝感受这个缤纷世界。

寻找玩具的训练

由于宝宝对看得见的东西能准确抓到，尤其对新奇的东西更喜欢，爸妈就要利用这一特性对宝宝进行寻找玩具的训练。训练时，妈妈可将色彩鲜艳且会响的玩具，从宝宝的眼前扔到一边。宝宝听到玩具发出的声音，并看玩具扔出去了，就会随声追寻，当宝宝追寻到玩具后，妈妈应表现出惊喜的样子，并说："宝宝真棒！"宝宝得到表扬后，会更积极寻找玩具。经过多次训练后，妈妈再用不会发出声响的毛绒玩具扔到更远的地方，锻炼宝宝的追寻能力。

触摸感知训练

训练前，爸妈一定要注意观察宝宝平时最爱看什么，对什么东西最感兴趣，从中找出宝宝最喜欢的东西让他触摸。比如木制的玩具、铁制的玩具或毛绒玩具等。在对上述各种玩具练习触摸的基础上，再找出平绒、粗棉布、劳动布、针织品等各种材质的织物，让宝宝感觉各种布料的不同质感。在训练时，宝宝可能会重复某一动作，经常故意把手中的东西扔在地上，然后拣起来再扔，有时能反复好多次。对此，爸妈不要担心，这种反复动作是5个月宝宝的一种正常发育现象，他是在利用这种反复的动作，显示自己对外界物体的控制能力。

视觉感知训练

大人可把台灯拧亮又拧灭，逗引宝宝的视线落在台灯上，然后告诉宝宝说这叫"灯"，说"灯"字时口型要明显，发音要准确、清晰，使宝宝把声音和发亮的物件联系起来。以后妈妈或爸爸再说到灯时，宝宝就会自己抬头看灯了。

听觉感知训练

训练时，妈妈先拿一些能发出响声的玩具，弄出响声让宝宝注意倾听。等宝宝有了反应后，妈妈从宝宝身边走到另一个房间或躲在宝宝卧室的窗帘后面，叫宝宝的名字让宝宝寻找。如果宝宝找不到，妈妈可以露出头来吸引宝宝，直到宝宝注意为止。进行这种听觉感知训练，声音要由弱到强，距离要由近到远，循序渐进地锻炼宝宝的听觉感知能力。

亲子小游戏

听音乐

给婴儿听的音乐要舒缓、优美，孩子不适合听流行歌曲、摇滚乐等。以下乐曲可供家长选用：

- 圣母颂
- 摇篮曲
- 春江花月夜
- 梦幻曲

第117天 游戏，让智能快速发育

游戏玩乐，是孩子的天性和最爱，是孩子认识世界的途径。无论人们出于多么美好的动机和愿望，都不应该剥夺孩子们玩的权利和乐趣，孩子们认识世界是增长智慧的最好途径。

和孩子游戏：最珍贵的时光

在家庭生活中，若问什么是最令人陶醉的幸福情景，相信爸爸、妈妈们都会津津乐道：和孩子欢快嬉戏是最快乐的情景。

其实，这也是生命中最值得回忆、最有价值的时光！

让我们珍惜这稍纵即逝的宝贵时光吧！它是属于你们的，更是属于孩子的……

游戏的作用：益智、亲情、快乐

1.促进宝宝的体能发展，从而促进身体健康生长。

2.激发宝宝的求知欲、创造力、想象力和思维能力。

3.有助于父母与孩子之间进行情感交流、密切亲子关系。

4.让宝宝在亲子游戏中获得正确处理事物的态度、方式、方法，并尝试将这种态度、方式、方法迁移到现实生活中去。

5.给宝宝提供更多感受快乐的经验，避免宝宝因缺少同伴而产生的孤独感。

6.与宝宝游戏时，父母可以及时发现宝宝的兴趣、特点，并据此及时调整教养方案，更好地挖掘宝宝的潜能。

7.与宝宝游戏时，父母可以针对宝宝接触到的事物，因势利导地进行教育，帮助宝宝在轻松愉快的氛围中不知不觉地获得许多知识。

8.亲子游戏还会给父母带来很多意想不到的收获，比如，和宝宝游戏时，宝宝的良好情绪会冲淡父母的工作压力，缓解父母的不良情绪，帮助父母回忆童年时光、体味人生真谛。

宝宝都是天才，缺少的是去发掘，更多的是被埋没。游戏不仅让孩子快乐，也是开发他们智力和潜力的道路！

第118天 如何训练宝宝翻身

孩子4～5个月时，在床上、地毯上或户外铺上席子，让他仰卧。妈妈用一个新鲜的玩具，逗引孩子注意，让他伸手去抓。然后将玩具放在孩子一侧，跟他说：“看它跑了，跑到这边来了。”孩子的眼盯着玩具，头也会转过去，他会伸出上臂去抓玩具，抓不到他会努力，妈妈可帮助他侧身，他再一使劲，可变为俯卧。

孩子翻过身来，虽然他得到妈妈一点帮助，但终究是成功了。这时要将玩具给他玩，高兴地拥抱他，亲亲他，称赞他说：“你真棒！”孩子会感觉到他做了一件让你高兴的事，他也会愉快地发出声音表示高兴。玩这个游戏可将玩具放在孩子左侧或右侧，使他练习向两侧翻身。

玩这个游戏可训练孩子翻身，仰卧、俯卧互换姿势，这是学爬的第一步，是动作发育的重要过程。翻身可促进头、颈、上肢、下肢各部分肌肉发育，训练动作协调和平衡。俯卧看到了另一片天地，扩大了孩子的视野，促进脑的发育。

第119天 如何训练宝宝坐

从第四个月起，妈妈或爸爸可以每天和宝宝玩拉坐游戏来训练宝宝的腰肌。坐不仅有利于宝宝的脊柱开始形成第二个生理弯曲，即胸椎前突，这对保持身体平衡有重要作用，坐还可以使宝宝接触到许多过去想够又够不到的东西，对他的感觉、知觉的发育都有重要意义。

训练时，先让宝宝仰卧在平整的床上，妈妈或爸爸握住宝宝的双手手腕，也可用双手夹住宝宝的腋下，面对着宝宝，边拉坐，边逗笑，边对话，在快乐的气氛中慢慢将宝宝从仰卧位拉到坐位，再慢慢让宝宝躺下去。练习多次后，妈妈或爸爸只需稍稍帮助宝宝，宝宝就能自己用力坐起来。然后，妈妈或爸爸逐渐只有姿势而不出力，慢慢地宝宝就会自己坐起来了。

开始进行拉坐训练时，时间一般应控制在每次5分钟左右，然后逐渐延长至15～20分钟。宝宝刚学会坐时，常常会左右摇摆或身子前倾，但没多久，宝宝就能挺直腰部。进入第六个月后，大多数宝宝已能稳稳地独坐了。

如果你的宝宝到现在还不愿意坐，不要强求他，因为宝宝不会坐是因为宝宝的身体发育还不完善。当他的身体发展到一定阶段时，他自然就会努力坐起。

亲子小游戏

递来递去

妈妈和孩子坐在床上，妈妈给孩子一块积木，待他拿好后，再递给他一块。他也许将右手拿着的积木放在左手，右手再去接新积木。也可能扔下手里的积木，再接新积木。妈妈引导他将积木换手接新的。

目的：培养手的能力。

第120天 第4个月智能发育测试

分类	项目	测评方法	通过标准
大动作	会翻身(仰卧变俯卧)	宝宝仰卧，用玩具在其一侧逗引	能从仰卧翻成侧卧再俯卧
	扶髋能坐	抱宝宝坐在大人腿上，用两手扶住其腰下的髋部	能靠大人的帮助自己坐稳5秒以上
精细动作	主动够取桌面上距手2.5厘米的玩具并紧握	抱坐，将玩具如摇铃放在桌面上距手2.5厘米处	主动够取桌面上距手2.5厘米的玩具并紧握
认知能力	头转向声源	抱坐，在距宝宝耳侧水平方向15厘米处摇铃	能转头找到声源
言语	大声笑	逗引宝宝，如咯痒、抱到户外等，引起愉快情绪	笑声响亮
	独自一人咿呀作语	宝宝独自一人安静时观察其发音	咿咿呀呀自言自语
情绪与社会行为	见实物有兴奋模样	观察宝宝见到妈妈乳房或奶瓶时的表情	见食物两眼盯着看有兴奋表情
	见妈妈伸手要抱	观察见妈妈时的反应	伸手要求抱
	辨认生熟人(见生人盯看、躲避、哭等)	观察见生人的反应	见生人盯看、躲避、哭

说明：以上智能发育测试是本阶段宝宝的平均水平。由于宝宝成长发育存在个体差异性，所以，如果您的宝宝某些项目没有达到要求，请不用担心，您只需在以后多加关注和训练即可。

第5个月
宝宝会翻身了

你轻轻闭上眼睛，感受每次呼吸，感觉自己的心跳，你怕是梦。

“宝贝，我的宝贝。”

宝宝笑了，你却突然想哭，感谢生命的这份给予，他的存在使你更加完整。

索引 本月内容分类查阅

第121天 第5个月宝宝发育指标

生理指标

满5个月时，男婴体重6.3～8.2千克，身长63.2～68.6厘米。女婴体重5.8～7.5千克，身长61.5～66.7厘米。

养育要点

1.添加辅食，由少到多，由稀到稠，由细到粗，让宝宝习惯一种再加一种。一般每周至多加一种新的食品，注意观察宝宝的食欲、大便。如有消化不良的情况，应暂停几天。

2.重视感官训练，使宝宝的视觉、听觉、语言交往能力在原来的基础上继续提高。

3.不会翻身的宝宝，父母要多让宝宝进行翻身训练。

4.对宝宝进行冷适应锻炼，逐渐适应较大的温度变化，增强鼻腔、皮肤的抗病能力。

5.冬天除外，每天应有至少两小时的室外活动。

6.多晒太阳，补充维生素D，防止宝宝缺钙。

发育指标

1.能够认识妈妈，以及亲近的人，并与他们应答；大部分孩子能够从仰卧翻身变成俯卧；可靠着坐垫坐一会儿，坐着时能直腰。

2.大人扶着，能站立；能拿东西往嘴里放；会发出一两个辅音。

提示

1.宝宝的床栏上，别放毛巾、衣服等，万一搭着的东西掉下来，蒙住宝宝的脸，会出危险。

2.即使母乳充足，也要给宝宝添加辅食。

体重：________千克　　身长：________厘米

头围：________厘米　　胸围：________厘米

身体情况：

预防接种：注射第3针百白破混合制剂。

第122天 训练宝宝的身体协调能力

随着宝宝视觉功能的逐渐进步，宝宝的手部功能也逐渐增强，并且手眼的协调性也增强了。宝宝的抓握反射功能已经消失，两只小手可以自由地合拢和张开。宝宝会把双手放在一起互相玩弄，他不仅会吃手指，而且还会把整个拳头放进嘴巴里。

当他看见自己喜爱的玩具时，会伸手去拿，对于拿到的玩具宝宝非常想摸摸看看。并且拿东西时，宝宝的动作不再笨拙，而是大拇指和其他四指对握，抓得比较牢。

到5个月时，宝宝已经会把玩具翻过来倒过去看，甚至会把玩具从一只手转到另一只手，有时他会把玩具放到嘴边啃一啃，然后再拿着看看，好像在研究什么。而到6个月时，只要看到东西，宝宝就会伸手去抓，并且还会两只手一起抓。

另外，仔细观察，你还会发现如果你呼唤宝宝的名字，宝宝的头和眼睛会随着你的声音转动；如果你把手放在宝宝腋下，让宝宝站立，宝宝能支撑自己的身体，并且可以稍微控制身体的摇摆。这一切都表明宝宝的身体有了一定的协调能力。

第123天 开始区别亲人和陌生人

宝宝能记住时常出现在自己身边的人，能对熟悉的人所发出的信号做出回应。

如果宝宝正在哭个不停，这时你走近安抚他，他就会很快安静下来，而且手脚一张一合的，渴望你抱抱他。因为宝宝已经有了记忆力，你经常给他喂奶，给他换尿布并逗他开心，他的大脑就会对你存储快乐的记忆，就会对你更加依恋。

相反，如果见到陌生人，他就会因害怕而啼哭。对于陌生人，宝宝的脑中没有存储这类人的记忆，因而容易产生畏惧。另外，对于惊吓过他的人，由于宝宝大脑中已经储存了受到惊吓的记忆，所以他见到这个人就会大哭。

所以此时宝宝的情感是非常情绪化的，不过由于此时宝宝的记忆还属于短时记忆。所以对于快乐的回忆，他往往能快速记住，而对于引起强烈消极情绪的事物，如害怕、委屈、痛苦，也容易记住，对于平淡、枯燥的事物，宝宝往往不容易记住。

帮宝宝顺利度过转折期。如果家里新请了保姆或者来了宝宝不熟悉的客人，不要让陌生人马上抱宝宝，应慢慢让陌生人和宝宝熟悉，并亲切地对待宝宝，这样宝宝才会对陌生人慢慢产生信任感，从而建立比较亲近的关系。如果此时你需要离开宝宝去工作，也要帮助宝宝顺利度过转折期，因为这时他对你还是比较依恋的，你要帮他找到重新可以依恋的对象，比如爷爷奶奶或者保姆，要让他们常和宝宝交流，经常给宝宝喂奶、换尿布，让宝宝熟悉他们的面孔和气息，让他即使没有你，也不会由于缺少亲情而不快乐。

第124天 宝宝的语言表达更丰富了

不同的语音含义不同

如果宝宝非常高兴，他会发出含有辅音“J、k”等的语音；如果宝宝生气了，他会发出含有“m、p、b”等的语音。

爱跟人学说话

如果你跟他说话，他会注视着你，并看着你的口型，学着你的样子发出”k、k”的声音。同时，在跟宝宝说话时，你要用正确的口型和语音，以便宝宝的语言功能快速发育。

会用自己的方式发音

宝宝会将自己的小舌头伸出嘴唇外发出“呸呸”的爆破音，有时他还用紧闭的嘴唇挤压气流、发出“呜呜”的声音，有时他的嘴巴还会一张一合地发出“啊”的声音。每当发出这些声音时，宝宝就会非常高兴。

在宝宝发音时，如果你陪着宝宝发音，宝宝就会非常带劲，发出更大的声音。宝宝之所以热衷于发音，是因为宝宝想引起你的注意，让你多抱抱他，多多爱抚他。因此你要对宝宝的发音做出及时地回应，以便宝宝能学会更多的语音，发音的动作越来越熟练。

第125天 如何应对宝宝吮手指

宝宝出生后的第一年称为“口腔期”，是人格发展的第一个基础阶段。他们强烈需要一种安全感，吸吮需求很强烈，尤其是在睡觉的时候。

宝宝吮手指是一种进步

宝宝认识世界，首先是通过嘴开始的，而手对于大脑还没有完全发育的宝宝来说，只是一个外在的东西，而不是身体的一个器官。因此宝宝常会用嘴来吃手、啃玩具、咬衣角。

宝宝吮手指，家长应该对宝宝的进步感到高兴。从一开始吸吮整个手，到灵巧地吸吮某个手指，说明宝宝大脑支配自己行动的能力有了很大的提高，从而能够促进大脑、手和眼的协调能力。

不要强硬制止宝宝吮手

虽然处于婴儿期的宝宝吮手指是很正常的，但在该阶段父母如果能够顺其生理发展的需要，试着让宝宝抱着熊宝宝或是布娃娃睡，用这种方法取代吮手指，慢慢地宝宝的习惯就能矫正过来。相反，如果父母此时强硬地制止宝宝吮手，反而会给宝宝心理上造成阴影，长大后容易焦虑、发脾气，对别人缺乏基本的信任和安全感。

正确应对宝宝吮手指

转移注意力 如果宝宝长时间专注地吮手指，妈妈一定要通过安抚的方法把宝宝的注意力从手指转移到玩具、画册等色彩鲜艳的东西上，使其能够更好地认知其他事物，对于大脑的发育也有极其重要的作用。

减轻焦虑与不安 如果出现一些突发事件如摔到地上，很容易使宝宝吮手指，这时应该把宝宝抱在怀里，用手指轻抚宝宝的后背，并轻声细语与其对话，这样会给他带来亲切和愉快的感觉。

正确的喂奶姿势 喂奶时，若喂奶方法不当，喂奶速度太快，没能满足宝宝的吸吮欲望，宝宝就会通过吮手指来满足自己的需要。这就需要妈妈在喂奶的时候不要心急，要等宝宝主动吐出乳头的时候再停止喂奶。

亲子小游戏

往外拿

妈妈把玩具装进纸袋，将纸袋交给孩子。如果他不知怎么办，妈妈可示范从开口处往外拿，并告诉他玩具都在口袋里。引逗他一件一件往外拿。

目的：练习拿东西。

第126天 添加辅食的种类和喂法

添加辅食是一个循序渐进的过程，这个时候大多数宝宝还未长牙，咀嚼能力差，添加的辅食一定要少而烂，适合宝宝的消化能力。能够接受的食物有米糊、米粉、烂粥、菜泥、水果泥、蛋黄、动物血、鱼泥等。

奶糕、米粉

超市里出售的奶糕、各种米粉等，一般冲调即可喂食，非常方便。但要注意的是，这个时期的婴儿还是应该以奶为主，不能过多喂食各类食品。因为谷类食品缺乏婴儿生长所需要的优质脂肪、蛋白质以及其他营养物质。冲调奶糕、米粉时可适当调入蛋黄、鱼泥、菜泥等，提高它的营养价值。

蔬菜

蔬菜含维生素丰富，是婴儿生长发育不可缺乏的营养素之一。婴儿对蔬菜的接受远远不如谷类食品及水果那样容易，家长一定要有耐心，多花些心思，每次做一点试着喂喂看。这个时期的婴儿适合吃菜泥，要选用深色新鲜蔬菜，菜泥里可适当加入少许盐或几滴素油。

水果

给婴儿添加水果可选择苹果、梨、香蕉、橘子、鲜橙等，洗净后挤汁或用勺子刮成泥来喂。孩子都比较喜欢水果的味道，刚开始喂时，一次不能太多，不能看到孩子喜欢就随意满足。这个时期，每天喂水果的次数不超过2次，多在下午2点和6点。

蛋类

尽管研究发现蛋类所含的铁质不易吸收，但它毕竟含铁丰富，所以，蛋黄仍是这个时期的婴儿最理想的供铁食物。可单独喂食，也可以混入米粉、奶糕中喂食。开始添加时，蛋黄先从1/4个吃起，慢慢增至1/2直至全蛋黄。蛋清易使婴儿过敏，父母不要太早给婴儿喂蛋清，一般到7个月左右再开始喂全蛋。

动物血

动物血如鸡、鸭、猪血中含有较多的铁质和蛋白质，易于消化，是制作婴儿辅食的很好选择。可将动物血隔水蒸熟，切末，与煮烂的粥混匀，或是调入奶糕中喂。

鱼

鱼是婴儿理想食物之一，不仅营养丰富、易于消化，而且不需要特殊制作。家里人吃的蒸鱼、炖鱼、烧鱼都可喂婴儿吃，一般选择鱼肚皮上的肉，剔除大刺，捣碎即可。

第127天 纠正宝宝的不良饮食习惯

挑食、偏食

挑食、偏食是宝宝常见的坏习惯。如有些宝宝只喜欢吃肉，不爱吃蔬菜，他们认为某些蔬菜有特殊的怪味，如洋葱，所以不喜欢吃，久而久之就容易患上肥胖症。

纠正方法

家长首先要给孩子做榜样，要避免在孩子面前挑食，因为孩子的模仿能力很强，你的一举一动都会成为他模仿的对象。

给孩子提供色香味可口的饭菜。要注意选择正确的烹调方法和多样化的食物。对不爱吃蔬菜的孩子，父母可将蔬菜剁碎后做成菜包子、菜粥等。

家长在平时要教育孩子有啥吃啥，对那些偏食较严重的孩子，家长绝不要用强制方法迫使他们吃，否则适得其反。

暴饮暴食

有很多宝宝遇到好吃的东西总是控制不住，就会不停地吃，暴饮暴食会使宝宝在短期内摄入过多的食物，加重了胃肠的负担，容易引起胃痛、恶心、呕吐、腹泻等消化不良症状。

纠正方法

家长从小要培养孩子均衡进食的好习

惯，每餐最好要定时定量，切忌把宝宝爱吃的食物放在一餐里让他享用。

家长不能过分溺爱、娇纵宝宝，要对他的坏习惯说“不”，要用各种方式让宝宝知道暴饮暴食的害处。

在节假日里更容易引起暴饮暴食，此时家长要以身作则，不要在吃大餐时狼吞虎咽。

囫囵吞枣

有些小儿咀嚼肌不发达或急着要去玩，吃饭不喜欢咀嚼，食物到了嘴里就整个往下吞，囫囵吞枣的结果不仅不利于小儿营养吸收，还会伤害孩子的胃，造成消化不良、胃窦炎等疾病。

纠正方法

家长可通过给孩子较为坚硬的干果、饼干等锻炼他的咀嚼肌。

家长经常教育孩子吃饭细嚼慢咽的好处，和孩子一起探讨各种食物的味道，多嚼和少嚼食物可产生不同的味道。

亲子小游戏

走来走去的玩具

买一件电动玩具，打开表演给孩子看。看着电动玩具自己在地上走来走去，孩子很高兴。

目的：训练观察力和注意力。

第128天 让宝宝远离污染的食品

宝宝因为年幼体弱，易感染各种疾病，所以家长在喂养时，应该注意饮食卫生，严防病从口入。

1.给宝宝一定要选用新鲜的蔬菜、水果，选择那些无农药污染、无霉变、硝酸盐含量低且新鲜干净的食物。

2.提倡给宝宝食用带皮的水果，如橘子、苹果、香蕉、木瓜、西瓜等，这类水果的果肉部分受农药污染与病原感染机会较少。

3.对于已经买回家的可疑的蔬菜，可以用蔬菜清洗剂或小苏打浸泡后再用清水冲洗干净。根茎类蔬菜和水果，一律要削皮后再烹调或食用。

4.鱼的体表经常会有寄生虫和致病菌，鱼腹腔内的黑膜，是有毒物质的淤积，做鱼时要把鱼鳞刮净，鱼内的黑膜去掉。鸡、鸭、鹅的臀尖也会积淀有毒物质，一定要去掉。

5.尽量不用消毒剂、清洗剂洗宝宝用的餐具和炊具、案板、刀等，以免化学污染。可以采用开水煮烫的办法保持厨具卫生。

育儿箴言

必须容许孩子选择物品，这可以让原来的发展得以持续，清除孩子尚无意识的心智之间的障碍。

第129天 把食物嚼碎后喂孩子好吗

有些老人认为把食物嚼碎后再用手指抹给或嘴对嘴地喂孩子，使食物好消化，有利于孩子健康成长。实际上这是一种不正确的喂养方法和不良的习惯，对婴儿的健康危害很大，应当禁止这种不卫生的做法。

食物经嚼后，香味和部分营养成分已受损失。嚼碎的食糜，小儿囫囵吞下，未经自己的唾液充分搅拌，不仅食而不知其味，并且加重了胃肠负担，而使孩子营养缺乏及消化功能紊乱。

影响孩子口腔消化液分泌功能，使咀嚼肌得不到良好的发育。如果让孩子自己咀嚼可以刺激牙齿的成长，同时还可以反射性地引起胃内消化液的分泌，以帮助消化，提高食欲。口腔内的唾液也可因咀嚼而分泌增加，更好地滑润食物，使吞咽更加顺利进行。

可使孩子感染某些呼吸道传染的疾病，如流感、流脑、肺结核等。用嘴对嘴喂时，如果老人有上述疾病，则很容易经口腔、鼻腔将病菌或病毒传染给孩子，可使孩子患消化道传染病。如肝炎、痢疾、肠寄生虫病。即使是健康人，体内及口腔中也常常带有一些病菌，病菌可以通过食物，由大人口腔传染给孩子。大人因抵抗力强，虽然带有病菌也可以不发病，而婴儿的抵抗力弱，病菌到了他们身上，就会生病。

亲子小游戏

骑大马

让孩子坐在妈妈腿上，妈妈震动腿部，一边颠一边念歌谣：

骑大马，呱哒哒，一跑跑到外婆家。
见了外婆问声好，外婆对我笑哈哈。

目的：训练语感。

第130天 怎样给宝宝喂菜泥、水果泥

蔬菜和水果是最好的辅食，深绿色和红色菜里除含维生素C外，还含有丰富的维生素A和钙、磷、铁等矿物质。4～5个月大的婴儿除了喂菜汤外还应喂菜泥、水果泥。母乳中维生素C含量不多，并常因母亲的膳食质量而变动，为保证婴儿维生素C的需要，应常给婴儿喂菜汤、菜泥。

菜汤的制作法

先将新鲜的蔬菜，如菠菜、小青菜、胡萝卜、空心菜等，选任何一种50～100克，洗净，切碎。往锅内放适量水煮沸后，将切碎的菜放入锅内。继以大火煮沸6～7分

钟停止，开锅将菜及汤倒入消毒的漏勺内，漏下的菜汤盛入碗中，加少许盐即成菜汤，供食用。

菜泥的制作法

取新鲜绿色蔬菜或胡萝卜50～100克洗净，切碎。锅内加少许水煮沸后将蔬菜或胡萝卜加入，继续煮7～8分钟至熟烂。倒入清洁的漏勺中，去汤后用匙背压榨成细末过勺孔，去除粗纤维。剩下的倒入碗中即可食用。

水果泥的制作法

新鲜苹果50克，糖10克，将苹果去皮，切碎，下锅加水以大火煮软后，加入糖，放入清洁的铁筛内，用匙压迫过小孔，即成苹果泥。简单的苹果泥的做法：也可以将苹果洗净，削去皮，以小匙慢慢地刮，刮下的即成苹果泥，可供4～6个月婴儿食用。

菜汤的吃法

4～6个月的婴儿初次吃菜汤可从少量开始，第1次吃20～30毫升菜汤，适应了再增加至40～50毫升。

菜泥的吃法

初次吃菜泥的婴儿可逐步增加用量，第1次可喂1/2汤匙（10～15克），第2天如无反应增加到1汤匙（20克），3～4天后无反应，可增至2汤匙（30～40克）。

第131天 宝宝暂不能吃调味品

妈妈在给宝宝添加蔬菜辅食时，看到宝宝不喜欢吃蔬菜泥或蔬菜汁，就往菜汁里放些盐。有的妈妈喜欢用嘴先尝尝，看看是否淡了或是咸了。妈妈这样做合适吗?

宝宝的肾脏功能发育很不完善，妈妈在宝宝6个月前最好不要给宝宝添加盐，否则，会增加宝宝肾脏负担。若宝宝不爱吃蔬菜汁，妈妈可以给宝宝添加点宝宝专用的葡萄糖。

妈妈若按照自己的口味判断菜的咸淡，很可能给宝宝添加得咸了，经常喂宝宝的菜比较咸，宝宝会更喜欢吃咸的食物，这样会增加肾的负担。因此，妈妈不要用自己的口味来给宝宝吃。

宝宝不仅要少吃盐，而且还不要吃调味品。例如，妈妈为了让菜更鲜些，经常往菜里添加鸡精或味精，鸡精和味精里面含有谷氨酸钠，可以与宝宝体内的锌发生反应生成谷氨酸锌，随着尿液排出体外，导致宝宝缺锌。

母乳喂养宝宝，妈妈在给宝宝喂奶期间，不要吃味精，这样也会影响宝宝的生长发育。

锌是宝宝生长发育必需的微量元素，宝宝早吃味精也会导致宝宝味觉丧失、食欲不振，还会出现智力衰退和发育不良等。

过多的糖或其他口味较重的调味品，都会加重宝宝的肾脏负担，影响宝宝身体对其他营养的吸收。

第132天 宝宝应该喝什么样的水

宝宝处于生长发育阶段，新陈代谢比较旺盛，对水的需求量较大，因此妈妈应该科学地给宝宝补充水。

适合宝宝喝的水

宝宝最好喝温开水，有的妈妈认为罐装饮料方便又有营养就代替白开水，这样很不好。妈妈可以给宝宝买新鲜水果榨果汁，配温开水。比例为1倍的果汁配2～3倍温开水。

不应给宝宝喝的水

糖水 妈妈不要给宝宝喂糖水，婴儿喝糖水可以加快胃肠蠕动速度，但后期会抑制胃肠的蠕动速度。

冰水 宝宝爬行后，浑身是汗，口渴了，妈妈不要给宝宝喝冰水，因为冰水会引起胃黏膜血管收缩，影响消化，刺激胃肠蠕动加快，出现胃痉挛，引起腹痛。

生水 不要给宝宝喝生水，因为没有烧开的水很容易引起胃肠道疾病。

不要给宝宝喝浓茶水，妈妈也不要为了省事用矿泉水、纯净水代替白开水让宝宝经常饮用。

不要给宝宝喝罐装果汁、乳酸饮料。

宝宝喝水的注意事项

睡前不要喝水 宝宝现在还不会自己控制排尿，宝宝若睡前1小时喝水比较多，夜间宝宝的尿床次数就会增加。

饭前不要给宝宝喂水 饭前给宝宝喂水会稀释胃液，不利于宝宝消化。妈妈可以在宝宝吃饭前半小时喝少量的水，可以促进唾液的分泌。

宝宝喝水不要太快 宝宝喝水不要连续地大口喝，这样会引起胃的扩张，宝宝可以慢慢地喝，一口接一口地喝。

亲子小游戏

5个小朋友

妈妈做5个小纸卷，在一头用彩笔画上小动物、植物等，然后把纸卷套在孩子手指上。妈妈可以扳着孩子的手指，彼此谈话做游戏，讲故事。

目的：发展语言能力。

育儿箴言

恰如其分地赞赏是增强孩子自信心的最佳途径。要相信任何人都有一个发展的过程。要相信孩子会有进步。

第133天 如何避免宝宝发胖

肥胖儿是指宝宝的体重超过正常的生长曲线范围，妈妈若发现自己的宝宝体重增长过快，可以采取下面的方法。

妈妈可以根据宝宝目前的生长发育情况，制订每天的喂养量，防止摄入过多的能量转化为脂肪再度引起宝宝肥胖。

配方奶喂养的宝宝，每天的喂奶量若超过了900毫升，应将多余的量逐渐减去，但妈妈应按照不同奶粉的正常比例调配，不可以将奶调得过稠。

妈妈可以将肥胖宝宝每天能量摄入限制在标准摄入量以下，这样不仅可以限制宝宝体重增长过快，而且也减慢了宝宝的增长速度，很快宝宝就能符合正常生长速度。

妈妈不要给宝宝添加过多的淀粉类谷物食品，若宝宝吃的淀粉过多，会将过多的糖类转为脂肪贮存起来，也会引起宝宝肥胖。

妈妈在给宝宝添加辅食的过程中，4～12个月是宝宝最重要的膳食期，若宝宝现在多吃淀粉类食物，会导致宝宝饮食的偏好，形成宝宝日后爱吃、多吃淀粉的坏习惯，会再次引起宝宝过度肥胖。

男童和女童体重的标准

（世界卫生组织推荐）

月龄	男童体重（千克）		女童体重（千克）	
	标准	上限	标准	上限
0	3.3	4.3	3.2	4.0
1	4.3	5.6	4.0	5.1
2	5.2	6.8	4.7	6.1
3	6.0	7.7	5.4	7.0
4	6.7	8.5	6.5	7.7
5	7.3	9.2	6.7	8.4
6	7.8	9.8	7.2	9.0
7	8.3	10.3	7.7	9.6
8	8.8	10.8	8.2	10.1
9	9.2	11.3	8.6	10.5
10	9.5	11.7	8.9	10.9
11	9.9	12.0	9.2	11.3
12	10.2	12.4	8.5	11.6

亲子小游戏

拨算珠

给孩子买一个带算珠的计算玩具，教他用手指拨算珠，从一边拨到另一边，拨一个或拨几个。

目的：训练手指精细动作。

第134天 上班族妈妈如何母乳喂养

许多妈妈在宝宝4个月或6个月以后，就得回单位上班了。然而，这个时候并不是让宝宝断掉母乳的最佳时期。找到一些适合自己的方法，注意一些要点，一样可以将母乳喂养继续，并且保质保量。

让宝宝提前适应

在即将上班的前几天，妈妈就要根据上班后的作息时间，调整、安排好哺乳时间。

可以让家人给孩子用奶瓶喂奶，并要注意循序渐进。应尽量地把喂辅食的时间安排在妈妈上班的时间。

家里人不要在妈妈回家之前的半小时内喂奶。上班时收集母乳，妈妈上班时携带奶瓶，在工作休息时间及午餐时在隐秘场所挤乳，然后放在保温杯中保存，里面用保鲜袋放上冰块。

妈妈每天可在同一时间吸奶，这样到了那个特定的时间就会来奶，建议在工作时间每3个小时吸奶一次。如果新妈妈希望将母乳喂养坚持到底，每天就要至少泌乳3次(包括喂奶和挤奶)，因为如果一天只喂奶一两次，乳房受不到充分的刺激，母乳分泌量就会越来越少，不利于延长母乳喂养的时间。

下班后携带母乳的过程中，仍然要保持低温，回家后立即放入冰箱储存，所有储存的母乳要注明吸出的时间，便于取用。

母乳储存

储存挤下来的母乳要用干净的容器，如消过毒的塑胶桶、奶瓶、塑胶奶袋等。

储存母乳时，每次都得另用一个容器。

给装母乳的容器留点空隙。不要装得太满或把盖子盖得很紧，以防冷冻结冰而胀破。如果长期存放母乳，最好不要用塑胶袋装。

最好按每次给宝宝喂奶的量，把母乳分成若干小份来存放，每一小份母乳上都要贴上标签并记上日期，以方便家人或保姆给宝宝合理喂食且不浪费。

第135天 大便变化关乎宝宝健康

婴幼儿大便的次数和质地常常反映其消化功能的状况，家长要学会掌握宝宝大便的性状和规律，及时发现宝宝的异常情况，为宝宝调整好饮食。医生指出，宝宝便便的气味、水分是检测健康的重点信号。

异常情况

1.豆腐渣样大便：豆腐渣样大便常见于霉菌引起的肠炎。

2.水样大便：多见于食物中毒和急性肠炎。

3.灰白色大便：由各种原因所致的胆道阻塞病人会排出灰白色的大便。

4.柏油样大便：此种大便多见于胃及十二指肠溃疡、慢性胃炎所致的出血。

5.果酱样大便：暗红色果酱样大便见于肠套叠；暗红色果酱样脓血便则见于阿米巴痢疾。

6.黏液脓性鲜血便：常见于细菌性痢疾、空肠弯曲菌肠炎。

7.洗肉水样血便，并有特殊的腥臭味：此种大便见于急性出血性坏死性肠炎等等。

8.大便有恶臭，如臭鸡蛋味：出现此类大便时，应注意配方奶浓度是否过高，进食是否过量。可适当稀释奶液或限制奶量1～2天，或者可给宝宝用点维生素制剂，以帮助消化。

正常情况

胎便 正常的新生儿多在出生后24小时内排泄胎便，而早产儿排泄胎便的时间有时会推迟，这主要和早产儿肠蠕动功能较差或孩子进食延迟有关。正常情况下，胎便呈墨绿色，较黏稠，无臭味，3～4日内排完。

母乳喂养儿便便 在没有添加辅食之前，大便是黄色的，较细腻。偶尔会微带绿色且比较稀；或呈软膏样，均匀一致，带有酸味且没有泡沫。婴儿的便便次数较多，约5～8次/天。

辅食喂养儿便便 添加辅食后，随着食物种类的增加，大便逐渐与成人相似。有的婴儿大便呈绿色，有时便里还会出现黏液，但只要婴儿吃睡正常，体温不超过37.5℃，体重增加良好，则为正常现象。

第136天 如何防治宝宝营养不良

婴幼儿营养不良是指摄食不足或食物不能充分吸收利用，以致能量缺乏，不能维持正常代谢，迫使肌体消耗，出现体重减轻或不增，生长发育停滞，肌肉萎缩的病症，又称蛋白能量不足性营养不良。

营养不良的主要指标

通常根据营养不良的轻重程度将婴幼儿的营养不良分为：轻度营养不良、中度营养不良和重度营养不良。判断急、慢性营养不良的指标主要有以下几点：

体重 若小儿的体重低于同年龄参照值（可以用平均近似值代替）的15%～25%则属于轻度营养不良；体重低于该值的26%～40%则属于中度营养不良；体重低于该值的40%以上时属于重度营养不良。

腹部脂肪厚度 腹部脂肪厚度在0.4～0.8厘米为轻度营养不良；0.4厘米以下是中度营养不良；脂肪几乎完全消失者是重度营养不良。

身高 轻度营养不良儿的身体基本正常；中度营养不良儿的身高比正常值有所降低；重度营养不良儿的身高明显低于正常值。

营养不良的治疗和护理

1.对于由疾病造成的营养不良儿和重度营养不良的婴儿，要及早发现、及早治疗，早期治疗对于此类营养不良婴儿非常关键。

2.对于轻、中度营养不良患儿，如果消化能力正常，只是由于喂养不合理而造成的，可以不给予药物治疗，只需要调整喂养方法和饮食结构即可。

3.对于长期缺乏蛋白质造成的营养不良儿，应在原喂养的基础上，循序渐进地增加蛋白质摄入量，之后逐步过渡到平衡合理的饮食结构。

4.对于由于热量缺乏造成的营养不良儿，要在平衡合理的饮食结构基础上，适当进行高热量喂养，以及补充足够的维生素和矿物质，同时还要形成良好的饮食习惯，改掉挑食、偏食的坏毛病。

第137天 宝宝应远离“二手烟”

吸烟可以让人减轻压力，许多爸爸妈妈都有吸烟的习惯，但是请记住了，有宝宝的地方，一定不能吸烟，不要以牺牲宝宝的健康为代价来获得吸烟的快乐，不知不觉中，宝宝就成了二手烟民。

宝宝被动吸烟的危害

1.宝宝容易患支气管炎、细支气管炎或肺炎。

2.如果爸爸在宝宝进餐时吸烟，很容易影响宝宝的食欲。

3.会增加宝宝患急性或慢性中耳炎的可能性。

4.影响智力发育。尼古丁在体内分裂后所制造的可丁尼，会使宝宝的阅读、数学和推理平均成绩越来越低。

让宝宝远离二手烟的方法

1.创造家庭和小轿车中的无烟环境。爸爸多为宝宝考虑，戒烟需要勇气和恒心，但从此就为宝宝创造了一个无烟的家庭空间。如果戒不了烟，也应该减少在家里的吸烟次数，避免在宝宝面前吸烟。

2.发现身旁有人抽烟时，立即带宝宝离开，不要让宝宝在现场吸“二手烟”。

3.如果是在公交车或饭店里，身旁有人吸烟，要设法开启门窗，流通空气，以减少烟的浓度和对宝宝的伤害。

4.选择无吸烟的餐馆就餐和无吸烟商场购物。

5.平时多教育宝宝，建立自我防护意识，远离吸烟人群。为了宝宝的健康，家长一定不要在宝宝身边吸烟。

亲子小游戏

扔进去

给孩子一些体积较小的玩具，如积木、插块等，再给他一个空纸盒，在盒盖上开一个圆洞。让孩子将玩具从洞口扔进盒里去。

目的：训练手指精细动作。

第138天 儿童哮喘的家庭护理

措施一：着衣有讲究

季节交替时，温度变化频繁，哮喘儿童应较正常人更注意保暖，在寒冷的深秋特别要注意颈部的保暖，但是也不要保暖得太过分，因为过热也会促使哮喘发作。

哮喘儿童的内衣以纯棉织品较合适，要光滑、柔软和平整。应避免穿毛料和化学纤维衣服，衣领要宽松些，衣服也不要过紧。

措施二：居室要简洁

室内家具一定要简洁，不宜用塑料吊顶，不要挂壁毯、字画，也不要用地毯。

室内不要养猫、狗、鸟等小动物。要避免吸烟，用杀虫剂、樟脑丸、清香剂等有挥发性的物品，也不要在室内养气味浓郁的花草。

室内要经常通风，清洁家具、地板、用具要用湿布揩抹，不要干扫、拍打以免引起尘土飞扬。

被子及床垫尽量用新棉花制作，避免用丝棉、皮毛、羽绒做被褥或枕芯。

措施三：饮食有忌宜

目前已知有许多食物会引起哮喘发作，对某些患儿初次对某一种食物不过敏，第二次再食用时也可能引起过敏。如果患儿经多次食用后对某种食物过敏，那就要尽量避免食用。

常易引起过敏的食物有蛋、牛奶、海鱼、虾、蟹、巧克力、蛤蜊等，食用时要加以注意。

哮喘不同类型也有忌口，如寒喘患儿不宜吃生梨、芹菜、荸荠等寒凉食品，热喘患儿不宜吃羊肉、狗肉、辣椒、鹅肉等热性食品。

措施四：心理需安抚

精神因素对哮喘发作影响很大，家长不要过分紧张，也不要经常询问哮喘与否，以免使患儿过分紧张，反易诱发哮喘。家长也不要过分溺爱孩子，在哮喘发作时也不要满足其不合理的要求。

措施五：锻炼勿要忘

家长不要误认为哮喘儿不要多活动，只有锻炼才能改善患儿呼吸功能，促进新陈代谢，从而提高对外界的适应能力。在夏季可选择游泳，冬季选择慢跑、打乒乓、羽毛球等项目。平时练吹口琴、吹气球、唱歌可以改善肺功能。

育儿箴言

家庭是最早最好也是最高的学府。教育的起点不是小学，不是幼儿园，而是家庭。

第139天 婴儿湿疹重在家庭护理

避免吃引起过敏的食物

食物是引起湿疹的重要原因。对有过敏体质的宝宝，最好的预防方法是纯母乳喂养。如果怀疑对牛奶过敏，又无母乳，可改用豆奶，或将牛奶加热多煮些时间，这样可使牛奶蛋白变性以减少过敏。如果添加蛋黄、鱼、虾，宜推迟到7个月以后。增添辅食时也要由少到多，一种一种地添加，以便于家长观察宝宝对何种食物过敏。

多吃清淡的食物

对已患了湿疹的宝宝，要避免食用鱼、虾、蟹等海产品以及刺激性较强的酸辣食物。给患儿多吃些清淡，易消化，含有丰富维生素和矿物质的食品。

注意患儿的个人卫生

患儿的房间要保持空气通畅，经常打扫房间，保持清洁卫生，避免室外尘土飞进来，以减少灰尘的刺激。在患湿疹期间最好把宝宝的指甲剪短，或用纱布把手包起来，以防手抓破皮肤引起感染。

避免引起皮肤刺激的因素

在洗澡时水温不宜过热，不要勤洗澡，不要用肥皂。要避免太阳晒。避免毛织品、胶布和新衣服直接与患儿的皮肤接触，因为这些物品上面的糨糊和染料同样可以刺激皮肤使湿疹加重。要勤给宝宝换衣服，所穿的衣服不要太厚太紧。在患湿疹期间不要接种疫苗，待痊愈后再接种。

第140天 小儿便血要追根究底

便血部位不同，症状有异

上消化道出血 包括食道、胃、小肠出血。出血多表现为呕血和解柏油样大便，血和粪便混合较均匀。

下消化道出血 包括结肠、盲肠及肛门附近出血。出血多表现为大便带血，血呈鲜红或暗红色，尤其是直肠及肛门出血，其鲜红色常附在成形的粪便上，不易与非成形的粪便混合。

常见的几种小儿便血疾病

急性肠套叠 是婴儿时期最常见的便血原因之一。患儿先有阵发性腹痛引起的哭闹和呕吐，哭闹间隙如常，腹部可扪及块物，大便如果酱色。

直肠息肉 是小儿便血的常见原因，多见于2～6岁小儿。息肉多长在肠腔内黏膜上，如黄豆或蚕豆大小。便血量少，与粪便混杂，无腹痛，低位的息肉排便时可脱出肛门，好像一个红色肉球。

肛裂 多见于2岁左右的婴幼儿，患儿往往会大便干结难解，每天解便时伴有便痛和哭闹，由于排便过度用力，使肛管后方皮肤损伤而发生撕裂，患处往往有继发感染造成慢性溃疡，使便后肛门会有少许鲜血。

急性坏死性肠炎 患儿便血特点为赤豆汤样，或如洗肉水样，带有腥臭味，多伴有腹痛、腹胀、高热、烦躁、呕吐等感染中毒症状。

先天性肛门狭窄 便血多发生于2岁以下，由于狭窄可致肛门出现损伤或发生感染引起出血。

细菌性痢疾 多为脓血便，大便量少，黏液多，次数频繁，伴有里急后重感。

胃十二指肠溃疡及胃窦类 多见于4岁以上小儿，表现中上腹痛、吐酸水、食欲减退、柏油样大便等。

亲子小游戏

向前爬

把孩子放在地毯上，脚踏住家具或墙壁，妈妈叫他到妈妈这里来。孩子会用脚蹬住墙做努力的动作。

目的：练习爬。

第141天 宝宝排尿多是什么原因

有的宝宝突然间排尿次数比平常多，喝完奶后有时15分钟就排尿一次，每天排尿有30多次，这样属于正常情况吗？

排尿次数多称为尿频，宝宝发生尿频的原因很多。

婴儿期的宝宝，膀胱容量小，每天喝奶量较多，1岁以内的宝宝每天排尿20次左右。

排尿的次数与宝宝每天喝水量有关，若宝宝每天喝水太多，相对排尿次数也会增多。

夏天时妈妈给宝宝添加的果汁多，也会导致宝宝暂时性多尿。

冬天天气寒冷，体内散热少，所以会出现尿量增多、排尿次数增加现象。

婴儿期宝宝的膀胱逼尿肌发育不完善，控制排尿神经不健全，会发生白天点滴性多尿，有时会超过30次。只要宝宝夜间排尿正常，尿检查正常，这就是神经性尿频，待宝宝大一些就会好了。

若是男孩子，尿时没有痛苦的表情，也没有其他症状，妈妈可以看看宝宝是否包皮过长。若是包皮过长引起的尿频，这是正常现象。

宝宝若尿频时，尿急、尿痛或伴随发热，妈妈应该带宝宝去医院检查，宝宝可能是膀胱炎或其他疾病。

宝宝的尿量增加，同时伴随口渴，吃得多，宝宝还很消瘦。妈妈带宝宝去医院检查，看是否有糖尿病或其他疾病。宝宝出现尿频时，妈妈应该经常给宝宝换尿布，清洗局部，避免红屁股。

第142天 小儿腹胀的家庭防治

小儿腹胀原因多

小儿腹壁肌肉尚未发育成熟，却要容纳和成人同样多的内脏器官造成腹部胀大。在腹肌没有足够力量承担的情况下，腹部会因此变得比较突出。此外，婴幼儿身体前后是圆形的，不像成人略成扁平状，这样小儿看起来肚子就比较胀，这些是生理原因。

婴幼儿吃奶时吸吮得过急、过快，吸入了过多空气，或者奶瓶嘴孔大小不适当，造成空气从奶嘴缝中进入宝宝腹内引起腹胀。

小儿过度哭闹也会使空气过多进入腹内。

由于进食过多致消化不良或腹泻引起肠内菌群失调，使食物在肠内发酵产生大量气体引起腹胀。

疾病因素，如长期应用抗生素可使菌群失调而发生腹胀，以及肝炎、低血钾、低血钠、肺炎、败血症等都可以引起腹胀。

防治腹胀的方法

采用体位法，即小宝宝可由家长斜抱，大小孩可取半卧位，这样可以减轻因膈肌上升压迫心、肺而出现呼吸困难。

对腹胀小儿应少吃多餐，少进食多产气的食物，如豆类、糖类食品。要纠正不良喂养习惯，喂奶时避免吸入空气，喂奶后应把小孩抱起，斜靠在大人肩上轻拍几下，使胃内空气嗳出。

用热水袋敷于宝宝腹部，并用手轻轻按摩腹部，以促进肠蠕动，排出气体。

要按时喂奶，不要让宝宝饿得太久，否则在吸吮时就会过于急促将大量空气吞入。

家长要避免孩子哭闹，多给予安慰，通过调整孩子的情绪来避免胀气加重。

对便秘引起的腹胀，家长可以用细香皂条塞进肛门，同时服用含双歧杆菌等制剂，以调节肠道功能。

第143天 谨防发生肠套叠

正常的婴儿每天总要哭上几回，哭的原因不过是饿了、渴了、尿布湿了，环境过热或过冷了等等，但是只要满足他的需要，排除令他不舒服的因素，婴儿很快就会不哭了。

家中有小儿的家长，一定要警惕孩子突然出现不明原因的阵发性哭闹。出现这种情况，多半是因为腹痛，引起腹痛的原因除了肠痉挛外，千万不要忘记肠套叠这个病。

所谓肠套叠，就是一段肠子套进另一段肠子里，肠管不通畅，还会反复剧烈蠕动，引起腹部阵阵剧痛。

婴儿表现为突然哭闹不安，两腿蜷缩到肚子上，脸色苍白，不肯吃奶，哄也哄不好。3～4分钟后，突然安静下来，吃奶、玩耍都和平常一样。刚过4～5分钟，又突然哭闹起来。如此不断反复，时间久了，婴儿面色苍白、精神渐差、嗜睡，有的小儿腹痛发作后不久即呕吐，把刚吃进去的奶全吐出来，晚期呕吐物中含有肠汁或粪便样液体。

肠套叠的开始阶段孩子不发热，如病情加重引起腹膜炎，孩子就会出现发热的症状。

如果发现婴儿有不明原因的阵发性哭闹，并伴有阵发性面色苍白，应赶快抱到医院请外科医生检查，告诉医生孩子可能得了肠套叠，以免延误诊治。肠套叠早期通过灌肠复位可治愈。如病程超过1～2日，出现脱水或休克时，需要手术复位或将肠子切除一部分，病死率极高。

亲子小游戏

拍拍手

妈妈与宝宝面对面坐，握住宝宝的小手，边拍边说："拍拍手。"反复做几次以后，叫他"拍拍手"，孩子不用妈妈，就会自己拍手。

目的：训练模仿能力。

第144天 形形色色的小儿感冒

感冒是小儿时期最常见的疾病，由于引起感冒的病原不同，患儿的年龄、体质也有差异，所以临床表现并不完全相同。

大年龄小儿感冒

轻的主要表现为流清鼻涕、鼻塞、打喷嚏、咽痒或咽痛。如果不治疗可在3～4天内痊愈。

婴幼儿感冒

病情多较重，可有高热，达40℃左右，高热时可能发生惊厥。患儿烦躁不安、恶心呕吐、进食减少，病程可持续一周左右。

咽结合膜热

由腺病毒3型或7型引起。患儿起病较急，有高热，体温可达39℃～40℃或更高，高热时间比普通感冒更长，常可持续3～5天。

疱疹性咽炎

由柯萨奇病毒引起，可通过肠道、呼吸道传播，以婴幼儿多见。患儿有高热，体温可达39℃～40℃或更高，约2～5天后下降。

急性扁桃体炎

急性扁桃体炎是感冒的一种。由链球菌引起，2岁以上的宝宝易多发，发病时有高热、头痛、呕吐、腹痛等，之后有咽痛，吞咽困难，在扁桃体上有滤疱和脓性分泌物。

第145天 怎样给宝宝测量体温

当宝宝感到不舒服时，为了找出宝宝不舒服的原因，有时妈妈就需要给宝宝测量一下体温，看宝宝是否发热。给宝宝测量体温时，一般选择腋下，这样既方便又安全。但是如果方法使用不当，也会造成测量的体温不准确。

测体温的方法

测体温前，妈妈要将事先准备好的温度计的温度甩到35℃以下。方法是右手拇指和食指握住温度计的上端，手腕向下向外甩动几下。

测体温时，要将温度计斜插入宝宝腋下皮肤处，若宝宝出汗了，应该将汗擦干后再测体温。放在腋下要测量5分钟，测后红色水银柱的高度就是腋下的实际温度。

看温度计时，眼睛与表要保持同一高度。

宝宝的正常体温范围是：36℃～37℃，超过37℃为发热，38℃以下为低热，38℃～39℃为中热，39℃以上为高热。

宝宝哭闹、喂奶后、穿的衣服过厚、室温过高都会导致体温升高，会达到37.5℃，甚至38℃。建议这种情况要处理完，等宝宝稳定30分钟后再测量体温。

宝宝饥饿、环境温度低（20℃以下）、衣服穿得或包裹得薄都会使宝宝体温下降。这种情况也建议先解决上述问题后，等宝宝稳定30分钟后再测量体温。

宝宝生病发热时需2～4小时测一次体温，物理降温30分钟后测一次体温。

测体温的注意事项

在腋窝部测量体温时未能夹紧体温计，或测量的时间短，所测的结果会低于实际温度。

在测量体温之前，没有把体温计甩到35℃以下，结果常高于实际温度。

甩体温表时不要碰到其他物品，避免碰坏水银球。

第146天 宝宝撕纸要多鼓励

宝宝通过撕纸可以锻炼手部肌肉力量和手指的协调性，还有利于手部精细动作的发展。所以家长要正确看待宝宝撕纸，要多多鼓励。

宝宝为什么喜欢撕纸

宝宝撕纸是他探索外面世界的一种方式，宝宝想通过自己的小手撕纸改变纸张的形状。宝宝会把纸撕得大大小小，长长短短各不同。

宝宝每次将纸撕碎后，心里都会觉得很有趣，纸张能变小，还可以变得更小，宝宝撕纸的手法越来越熟练，纸张就会撕得越来越小。

给宝宝撕什么样的纸

给宝宝撕的纸，可以是书写用的白纸，也可以是印刷品或纸制品。须要注意的是，纸张要干净，还要闻闻有无油墨之类的气味。

妈妈应该给宝宝不同硬度的纸，可以是手纸、彩纸等各种硬度、大小的纸张，宝宝在撕不同类纸张的时候，会刺激宝宝的大脑发育和手指的灵活性。

注意不要给宝宝比较脆、边缘比较锋利的纸，以免划伤宝宝细嫩的皮肤。

宝宝撕书妈妈不要生气

宝宝除了会撕一些妈妈为他准备的纸张外，他有时还会撕书。有时他看见妈妈在看书，就会把书抓过去，然后将书撕几页，这时很多妈妈都会很生气，其实妈妈没有必要生气。

因为撕纸是宝宝目前喜欢做的事，妈妈一旦发脾气，就会影响宝宝的好心情，下次宝宝撕纸时就会犹豫，或者宝宝长大后还会撕纸，目的是吸引妈妈的注意力。

妈妈如果不想让宝宝撕书，可以将书拿走，放在宝宝够不着的地方，不让宝宝接触到就可以了。

亲子小游戏

看看里面是什么

给孩子带盖的纸盒，里面装一些东西。妈妈把盒子摇摇发出声响，孩子会想办法将盒子打开。

目的：培养好奇心，练习手指。

第147天 教宝宝说“再见”

孩子喜欢和自己熟悉的人待在一起，但家长要多给他接触陌生人的机会。比如妈妈在与别人谈话时抱着他，让他听，并向他介绍：“这是阿姨，这是叔叔。”可以让邻居、朋友逗孩子玩，让他们抱抱，使孩子渐渐养成不怕陌生人的习惯。让孩子尽早和小朋友接触，对孩子非常有好处。孩子不会说话，此时唯一能表达的是用手表示再见。妈妈要在别人离去的时候讲这句话并做手势，逐渐让孩子懂得这句话的意思，以后让孩子在别人离去时打出再见的手势来。

学习“再见”的目的是让孩子多与陌生人接触，这是孩子进入社会的第一步，也是学会与人交往的开始。人不能脱离社会，他需要学习与别人接触交往的知识。我国近年来独生子女家庭增多，有些父母忽视孩子早期的社会交往，把孩子关在家里，只与父母或老人接触，不少孩子患自闭症或有自闭倾向，影响孩子心理健康。

家长要让孩子有见陌生人、听陌生人声音、与他人接触、一同玩耍的乐趣，使他感觉到与他人接触的愉悦，另外，在与陌生人的交往中，孩子知道了有许许多多没见过的人，知道其他人对他也很友善。这样对孩子随年龄增大逐渐不依恋父母很有好处。他从小接触社会，就不会对陌生人产生恐惧心理，有利于培养开朗、喜欢交往的性格。

第148天 训练宝宝的手指

手是认识物体的重要器官，也是触觉的主要器官。科学研究发现，通过活动手指可刺激大脑，增强大脑的活力，并可延缓脑细胞的衰老。这对人类智力的开发，尤其是婴幼儿智力的开发十分重要。

训练宝宝手指的作用

人们常说“心灵则手巧”。这里所说的“心”不是指心脏，而是指大脑。“心灵”与“手巧”是辩证的关系，手脚灵了，头脑才会聪明，笨手笨脚必然笨头笨脑。

训练宝宝的手指，等于给宝宝做“大脑体操”。手的动作，代表着宝宝的智慧，因为大脑用来处理来自手的感觉信息和指挥手的运动占的比例最大。

大脑有许多细胞专门处理手指、手心、手背、腕关节的感觉和运动信息，所以手的动作，特别是手指的动作越复杂、越精巧、越娴熟，就越能在大脑皮层建立更多的神经联络，从而使大脑变得更聪明。因此，早期训练宝宝手的技能，对于开发智力十分重要。

锻炼手的皮肤感觉

经常给予宝宝手部皮肤以有力的刺激。如把手交替伸进冷、热水中（温度要适宜），或让宝宝多接触一些不同性质的物品。如玩具、石子、豆豆等。这样，可以有效地锻炼宝宝手的神经反射，促进大脑发育。

增强手指的柔韧性

如让宝宝经常伸、屈手指。有利于提高宝宝大脑的活动效率。

锻炼手指的灵活性

让宝宝的手指做一些比较精细的活动，摸各种各样的东西、玩具，摸的同时要教他认识事物，如摆弄智力玩具、做手指操等。要让宝宝手脑并用，边做边思考，以增强大脑和手指间的信息传递，提高健脑效果。

交替使用左、右手

左手受右侧大脑支配，右手受左侧大脑支配，交替使用和锻炼左、右手，可以更好地开发大脑的智力。

育儿箴言

激发幼儿的求知和学习的欲望，远比教会有限的知识有意义得多。

第149天 读懂宝宝的手语

宝宝虽然还不会说话，但是会用手语来表达自己的要求，父母只要仔细观察，就能轻松地领悟宝宝的手语。从本质上讲，手语的目的是为了帮助父母与宝宝相互之间的交流。通过使用手语，父母和宝宝相处会增加许多乐趣，能让父母感受到与宝宝间的真挚感情。

用摇手说“不”

妈妈根据具体情境，把动作和说“不”明确地联系起来。比如宝宝伸手想摸热水杯时，妈妈摇着手对宝宝严肃地说：“不！不要动！烫手”！为了让宝宝理解这个意思，还可以拿着宝宝的手轻轻擦过热水杯，让宝宝感受到烫，自己缩回手。

然后让爸爸参与进来，爸爸可以装做来拿热水杯，妈妈拿起宝宝的手，做出摇摆的动作，一边替宝宝说：“不，不能碰。”爸爸要表现出明白了的样子，赶紧缩回手，“哦，不能碰！”

最后尽量鼓励宝宝自己表达“不”。如在多次示范演习后，把一杯热水摆到宝宝面前，问：“宝宝要不要摸摸热水杯呀？”促使他用手语回答。

其他常用的手语

小手张开、手指向前伸展 宝宝带着愉快的心情醒来时小手通常是这样的动作，这是他在邀请身边的父母和自己一起玩。

小手的指头放松地弯着 这时宝宝已经不再东张西望，他的手臂也松软地耷拉下来，说明宝宝已经累了，想睡觉了。

小手捏着松松的拳头 宝宝在睡眠中会有这种手势，说明他正在做梦，他的眼球在眼皮下轻轻地转动，有时还会发出轻轻的鼾声。其实，梦中的宝宝睡得并不深，随时可能会醒来。

小手紧紧地握着拳头 宝宝紧张时通常会有这样的动作，这时或许宝宝是害怕陌生的环境或人，也可能是他的肚子有些不舒服了。

手臂放松、小手轻轻地握着 这时的宝宝正心满意足地享受着美妙的时光，他愿意独自待着，而不愿意外来的干扰。

再见 将宝宝的小手举起来，并不断挥动。

谢谢 帮助宝宝将两手握拳对齐，然后不断上下摇动。

育儿箴言

尊重孩子正在进行的所有合理的活动并试着了解，是我们教育方法中最首要的原则。

第150天 第5个月智能发育测试

分类	项目	测评方法	通过标准
大动作	扶腋下能站立	双手扶宝宝腋下，站在床上或大腿上	能站立2秒以上
精细动作	抓住悬吊玩具	宝宝仰卧，逗引他够取悬吊在胸前的玩具	能主动够取、抓住玩具
	两手各握一玩具	抱坐，大人先递一块方积木让宝宝抓住，再向另一手呈示一块方积木	能先后用两手拿住两块方积木
认知能力	玩具滚落后，两眼跟得准	抱坐，用红线球（直径10厘米）在宝宝眼睛水平方向引起其注视时，将球滚落在地上，大人手仍保持原姿态，观察宝宝反应	球落地后，宝宝立即低头寻找
言语	叫名字会注视和笑	大人在宝宝面前呼唤其名字	宝宝注视大人并笑
	看到熟悉的人或玩具会咿呀发声	观察宝宝对熟悉的人或玩具的发音	咿咿呀呀，像在对人"说话"
	能模仿大人发出的重复音节	宝宝醒着高兴时，大人与其面对面，对出重复音节，如ba ba,dada,mama等语	会模仿大人发出重复音节
情绪与社会行为	望镜中人笑	抱宝宝到穿衣镜前，逗引他观看镜中的人像	对镜中人笑

说明：以上智能发育测试是本阶段宝宝的平均水平。由于宝宝成长发育存在个体差异性，所以，如果您的宝宝某些项目没有达到要求，请不用担心，您只需在以后多加关注和训练即可。

第6个月
宝宝乳牙萌出

你总是感叹：这是上天赐给我的小精灵呀！

他努力，他用功，学会了笑，长出了牙，探索是他不变的功课。你陪着宝宝聊天，你精心为他准备餐饭，你陪他快乐玩耍，带他享受大自然。

太阳每天都努力地睁开它的眼，只是为了看一看，你们幸福的笑脸。

索引 本月内容 分类查阅

第151天 第6个月宝宝发育指标

生理指标

满6个月时，男婴体重6.9～8.8千克，身长65.1～70.5厘米，女婴体重6.3～8.1千克，身长63.3～68.6厘米。平均长牙两颗。

养育要点

1.继续添加辅食。

2.预防营养性缺铁性贫血，及时添加含铁丰富的辅食：鱼、肝泥、肉末、动物血、蔬菜泥、豆腐等。动物性食物中铁的吸收利用率较高。

3.提供适宜的玩具。为半岁孩子提供的玩具主要是形象性玩具，分为观赏性和操作性两大类。观赏性玩具一般色彩鲜艳形象生动。操作性玩具是宝宝能拿的，多为能发声的玩具。

4.反复叫宝宝的名字，使宝宝对自己的名字有反应，熟悉并记住自己的名字。

5.教宝宝认识实物，给宝宝指认实物。

6.宝宝已经认识妈妈了，妈妈应多和宝宝在一起，多跟宝宝说话、做游戏，抚摩宝宝的皮肤，满足宝宝的亲情渴望。

7.经常抱宝宝出去玩，让宝宝多接触生人，有助于减缓宝宝即将出现的怕生现象。

8.让宝宝照镜子，帮宝宝认识镜子中的自己，发展自我意识。

9.锻炼手的精细动作。家长可以让宝宝玩各种玩具，促进手的动作从被动到主动，由不准确到准确，由把着手教到听语言指挥而动。

发育指标

1.手可玩脚；头、躯干、下肢完全伸平；两手各拿一个玩具能拿稳；会自己拿饼干吃，会咀嚼。

2.能听声音看两种物体；会发两三个辅音；在大人背儿歌时会做出一种熟知的动作。

3.照镜子时会笑，用手摸镜中人。

体重：__________千克　　身长：__________厘米

头围：__________厘米　　胸围：__________厘米

身体情况：

预防接种：第1针流脑疫苗，第3针乙肝疫苗。

第152~153天 宝宝可以吃米饭了吗

在给宝宝的辅食中，粥是最初开始喂的，宝宝已经喝了两个来月的粥，如果他很喜欢粥并能大口大口地吞下，就可以试着喂米饭了。

怎么喂宝宝米饭

和喂别的食物一样，妈妈要以身作则，张大嘴，表示出米饭很好吃的样子，然后边夸宝宝边喂。尽管婴儿还不会说话，但是他已经能听懂你的话了。喂的时候妈妈们说“宝宝真乖，吃了米饭身体好”这类夸奖的话，宝宝就更愿意接受。喂米饭的同时也喂些肉汤、鱼汤等，以保证宝宝有足够的能量以及蛋白质、脂肪、维生素等摄入。

米饭应该喂多少

这个月的宝宝，最多吃小半碗软米饭就可以了，还可以加3匙肉汤或鱼汤和1/2个蛋黄。

如果宝宝还不能吃米饭，那也不要着急，没有人一辈子都学不会吃米饭，这只是个时间问题，添加各种辅食都要看宝宝的表现，如果宝宝能消化，就可以添加。如果宝宝不能接受，晚一点也不会耽误什么。

等宝宝到了8个月的时候，饭量不要加，可以加4匙肉汤再加些鱼肉和青菜等，蛋黄可以加到一个。宝宝到了11个月的时候，软米饭可以吃到一碗了，汤、鱼、肉、菜等可再适量增加。

喂宝宝吃面条

到了该让宝宝食物多样化的时候，面条也是一个选择，喂给宝宝的面条应是很烂而且较短的，面条和肉汤或鸡汤一起煮，可以让面条更鲜，有助于引起宝宝的食欲。

第一次喂的时候一定要先试少量，观察一天看宝宝有没有消化不良或其他的情况，如果没有特殊情况，下次可加多一点，但不能一下子喂得太多，以免引起宝宝胃肠功能失调，出现腹胀现象，那样，宝宝就会对面条产生抵触情绪啦。

到底可以喂多少烂面，可参考上面米饭的用量。在这个月里，还是要喂小小碗的半碗最好，以后可以慢慢增加，最终换成小饭碗。

亲子小游戏

撕纸

妈妈将画报用缝纫机轧直径10厘米的圆形，然后将孩子抱在怀里，妈妈先拿一张撕下圆来给孩子看，最后让他自己学会将圆形撕下来。

目的：发展手的精细动作。

第154~155天 给宝宝添加肉类辅食

肉类中的铁、锌等矿物质和微量元素在人体中的吸收和利用率很高。由此说来，婴幼儿应适量摄食肉类食物。而过量食用或偏食肉类，易造成肥胖、高脂血症、脂肪肝等慢性疾病。这些疾病在肥胖儿童中也有发生。所以给婴幼儿添加和制作肉类食品需要科学而合理。

什么时候开始

从婴儿5～6个月起，在机体状况良好的情况下可开始添加鱼、虾肉少许。鱼、虾肉的纤维成分较少，肉质鲜嫩，易于消化吸收，特别适合婴幼儿消化道尚不健全的特点。而且鱼虾类脂肪酸中，EPA、DHA含量较高，对婴幼儿神经系统发育有良好的作用。

怎样做肉类辅食

刚开始时应从单个品种开始，少量添加，给婴儿吃的食物，要选择新鲜、无污染的鱼虾，剔除鱼刺和虾壳后烹调。烹调方法尽量简单，以清蒸为好，不要添加任何调味品。婴儿的味觉处在早期形成阶段，要让他体验食物的原有风味，不需要增加其他味道，以免掩盖食物的真实滋味。

此外，婴儿的肾脏功能尚不健全，过量吃盐不利于婴儿健康。婴儿的牙齿尚未萌出，要将蒸熟的鱼、虾碾碎，用小勺喂婴儿吃。

一边喂一边观察

观察有无过敏或其他不适。如果婴儿表现正常，可继续添加其他种类。同时注意观察婴儿的表情和反应，一般情况下健康的婴儿都喜欢吃鱼虾。家长要注意的是，即使婴儿食欲再好也不要过量喂食，以免消化不良或“伤胃”。观察婴儿的皮肤反应和排便情况，如果一切正常，可逐渐增加摄入量。

不要勉强宝宝吃

注意进食量由少到多，不要勉强孩子。如果孩子拒食，一定有理由，应尽量找出原因。对体质较弱、有挑食习惯“难喂养”的婴儿要有耐心。妈妈不能看到其他婴儿已经能吃很多食物，而且长得壮，就加大饭量，逼迫孩子吃肉，这种急于求成的做法往往造成婴儿逆反和抵触情绪。其实每个孩子的情况都不相同，而且婴儿的饮食爱好受父母遗传等影响，具体应用时要掌握个体化原则。

育儿箴言

协助儿童，能使你们之间建立起更亲密的关系。这一点超越了单纯的情感，因为不仅是抚慰，更有实际的帮助。

第156~157天 宝宝乳牙开始萌出

多数婴儿过6个月后才开始萌出下前牙，不同的婴儿出牙的时间还存在差异。这些差异受种族、性别等遗传因素的影响，还受气温、营养、疾病等环境因素的影响。正常情况下营养好、身高和体重高的婴儿比营养差、身高和体重低的婴儿牙齿萌出早。

出牙前易发生的情况

一般情况，婴儿出牙前2个月左右会出现流口水，吮手指的现象，当孩子吃奶时喜欢咬奶头，还伴随哭闹、烦躁不安，轻度体温升高的现象。仔细查看婴儿的口腔，可以看到局部牙龈发白或稍有充血红肿，触摸牙龈时有牙尖样硬物感。

牙齿萌出是正常的生理现象，多数婴儿没有特别的不适，即使出现上述现象，也不必为此担心，在牙齿萌出后就会好转或消失。

孩子出牙时体内的抵抗力有所下降，容易患病和出现一些异常状况，但这也不是说孩子的感冒、发烧、腹泻都是由出牙引起。如果孩子出牙期间体温超过38℃，必须立即去医院就诊。

出牙期的口腔卫生

牙齿萌出期间，每次哺乳、喂食物后或者每天晚上，由母亲将纱布缠在手指上给婴儿擦洗牙龈和刚刚露出的小牙，使其适应清洁口腔。牙齿萌出后，可继续用这种方法对萌出的乳牙从唇面（牙齿的外侧）到舌面（牙齿的里面）轻轻擦洗揉搓。

同时，应注意每次进食后都要给孩子喂点温开水，起到冲洗口腔的作用，还可以在每天晚餐后用2%的苏打水，轻轻蘸擦小儿的牙龈。注意不要在一个地方来回擦，以免引起牙龈黏膜损伤而造成感染。

如果小儿牙龈出现发红、微肿的现象，可在红肿部位涂些1%龙胆紫药液，预防感染。

出牙期的注意事项

这个时期可给小儿吃些较硬的食物，如梨、苹果、面包干、磨牙棒等，还可以给小儿准备一个能咬、有韧性的玩具，让孩子咬啃以便刺激牙龈，使牙齿便于迅速萌出。

牙齿萌出期间，小儿的玩具等物品要保持清洗干净，小儿的手要勤用肥皂清洗、勤剪指甲，以免引起牙龈发炎。另外，刚萌出的乳牙表面矿化尚未完全，牙根还没有发育完全，很容易发生龋病（虫牙），因此，在牙齿开始萌出后就应做好龋病等的预防工作。

育儿箴言

一切教育都是从我们对儿童天性的理解开始。

第158~159天 怎样保护宝宝的乳牙

婴儿从6~7个月开始陆续长出乳牙，到2岁出齐，共20颗，6~7岁开始换牙，即乳牙脱落换成恒牙，直到20岁左右出齐。

影响牙齿生长的因素

无论乳牙还是恒牙，牙齿的质量与营养、卫生习惯、遗传等都有直接关系。如营养不良可影响牙齿钙化；不讲口腔卫生会患龋齿；吮手指、咬口唇会使牙齿排列不整齐，上下齿闭合不拢，有损容颜、进食和发音。

保护婴儿乳牙的注意事项

1.要注意营养。多吃鸡蛋、虾皮等富含蛋白质、钙的食物，以便增加钙质，有利于牙齿生长，使牙齿健康。

2.控制甜食。切忌含着奶头或糖块入睡。

3.睡前要多饮些白开水，清洁口腔，预防龋齿。

4.及时纠正婴儿某些不良习惯，如吮手指、啃玩具、咬口唇、咬坚硬物等。

5.让孩子养成仰卧睡姿，长期侧睡会使婴儿乳牙长得参差不齐。

第160~161天 宝宝为什么会掉发

导致宝宝掉发的原因

1.宝宝的睡觉姿势。如果宝宝总是保持固定的姿势睡觉，或坐着时喜欢把头固定靠在婴儿坐椅的同一位置上，那么他头上相应区域的头发就会脱落。如果宝宝总是在床垫上蹭脑袋，头上也会产生秃斑。

2.片状秃斑并带有红色鳞屑（有时，在头发脱落的地方会出现黑点），说明宝宝可能受到传染性真菌感染，称为头癣或癣菌病。

3.如果较大的宝宝经常不自觉地用手拨弄或拉拽头发，那么头上可能会出现不规则的脱落斑，这种情况医学上称为拔毛发癖。

4.如果你的宝宝头上有边缘整齐、圆形、完全不长头发的区域，这可能是斑秃（也叫斑形脱发、局限性脱发），是由于宝宝自身的免疫系统侵袭毛囊，导致头发生长速度严重减缓。这种掉发通常发生在孤立的区域，但也会影响到整个身体的毛发。

5.脂溢性皮炎可能导致掉头发，特别是在厚厚的疮痂脱落后。

6.某些疾病，比如甲状腺功能减退（一种甲状腺失调症）或垂体功能减退（垂体腺活动不足）都会导致宝宝整个头掉头发，而不仅仅是斑片性掉发，不过，这种情况并不常见。

防止宝宝掉发的具体措施

1.激素水平。变化或疾病导致的脱发。这时只能盼望宝宝早日长出新头发来。

2.因睡觉姿势不当磨损头皮导致的掉发。让宝宝睡时换个姿势。比如前一天晚上让宝宝把头冲婴儿床尾躺，第二天再让他把头冲婴儿床头躺。因为宝宝自然会把头转向侧面看床外，这样就不会因为长期磨损同一部位而导致脱发了。如果你用婴儿定型枕防止宝宝翻身趴着睡，那么可以试试一天晚上让宝宝左侧卧睡觉，第二天仰卧睡觉，第三天右侧卧睡。

3.因拉拽而导致的掉发。你要和医生一起探究宝宝焦虑、紧张或不安的根源是什么。一旦这些根本问题得到解决，宝宝自然就会改掉拉拽头发的习惯，新头发也就会长出来了。

如果宝宝6个月大之后还掉头发，就应该带他看医生，以确诊宝宝是否患有疾病。

亲子小游戏

掏出来

将一只空盒子剪几个洞，洞的大小以孩子的手能伸进去并能拿出玩具为宜。在盒里放几件玩具或物品，让孩子从盒里摸出来。

目的：练习拿东西。

第162~163天 引发宝宝说话的欲望

语言的发展，是人的整个智力发展的基础，文明、准确的语言还能培养孩子良好的情感和坚强的意志。家长与婴儿的交流是十分必要的，不要以为对这么小的孩子说话是“对牛弹琴”。这个时期的孩子虽然不会说话，但却有着惊人的接受语言的能力。

实际上，婴儿在听话的过程中，通过潜意识的作用，能够接受大量的语言信息；同时，大量的语言刺激能促使孩子的听觉和发音器官的发展和健全，使孩子早说话。相反，如果孩子接受的语言信息很少，那么孩子就根本不会说话或说话很晚，并且说得也不好，这样就影响孩子智力水平的发展。

所以父母应尽早地利用一切机会多和孩子说话，并且把动作和语言联系起来。比如，在喂奶和护理时，教他认识奶瓶、小被子、衣服、手绢等，开灯时教他认识灯，坐车时教他认识车，和婴儿一起玩时教他认识各种玩具等。成人最好能指着各种物品用清晰缓慢的语言对孩子说“这是什么”、“那是什么”，要像对已经懂事会说话的孩子那样给他讲各种各样的事情，让他感觉、让他看、让他听。

6～7个月的孩子逐渐理解一些简单的词义。如烫、拿、吃、香等与自身有直接利害关系的单音字。成人说话时，他会努力看着你的面容、口形动作，随之做些口腔动作模仿。但只是唇舌动，还发不好音，模仿多了，听得多了，就会“冒话”。因此，成人说话时要尽力让孩子看清口形，有意引导他模仿。孩子在模仿语音时情绪很高兴，应保护这种积极性。

另外，要让婴儿大脑贮存更多的信息，家长还应该常为婴儿创造良好的语言环境，如朗诵儿歌、富有情节的故事给他听，以听、读、唱的方法，丰富他的语言知识。

第164~165天 宝宝为什么喜欢扔玩具

宝宝在找东西的时候，很喜欢将玩具扔到地上，然后大声叫喊，让妈妈给宝宝捡起来。妈妈刚给宝宝捡起来递到宝宝手里，宝宝又扔到了地上，反反复复，宝宝看起来很高兴，妈妈却很生气。宝宝乱扔东西这是怎么回事？

其实，宝宝扔东西，并不是故意惹妈妈生气，而是宝宝身体发育的需要，宝宝手的发育还不成熟，还不会将手中拿的东西放下，宝宝最初是无意中将玩具扔掉的，这是正常现象。

宝宝扔过几次后，会对把玩具扔到地上很感兴趣，宝宝的手部肌肉发育成熟能随时松手，就会出现妈妈刚把玩具递给宝宝，宝宝就松开手把玩具扔到地上的现象。

随着宝宝身心不断地发展，宝宝开始有意识地扔玩具，并注意玩具落地的瞬间以及妈妈的反应，这就是宝宝和妈妈玩扔玩具的游戏。

有的妈妈看到宝宝不停扔东西很生气，就对宝宝发脾气，宝宝很紧张，想扔又不敢扔，呆呆地坐在那儿。宝宝和妈妈玩的游戏就会停止，这样不利于亲子关系的建立。

宝宝通过扔东西，可以锻炼眼、手的协调能力，对宝宝听觉、触觉、身上的肌肉都有促进作用，同时也开发了宝宝智力。

妈妈对宝宝玩这个游戏要耐心地配合，妈妈可以给宝宝一些耐摔、不碎的玩具，如皮球、积木、塑料玩具，让宝宝用自我意识区分这些东西。

宝宝喜欢扔东西时，妈妈为了避免弯腰捡，可以在玩具一端系一根线绳，另一端系在妈妈的手指头上，宝宝每次扔掉之后，妈妈将玩具提起就可以了。

育儿箴言

教育的真谛不是传授知识，而是培育人格品质、价值观、思维方式和优良习惯等。

第166~167天 宝宝咳嗽是怎么回事

不同疾病咳嗽有异

感冒时咳嗽常有流涕、鼻塞，不伴有气促，白天咳嗽多于夜间。

哮喘时咳嗽常伴有气喘，夜间咳嗽重。

当遇到过敏物及寒冷空气时咳嗽会加重。常伴有打喷嚏、鼻痒、眼痒。

百日咳时咳嗽呈猛烈地阵咳，咳完后常有鸡鸣样回声，久咳引起脸面浮肿，伴有出血点。

肺炎时咳嗽伴有痰多，呼吸短促或呼吸困难，重的有鼻翼扇动，唇周发紫。

喉炎时咳嗽呈吼声，常发生在午夜，声音嘶哑。

慢性咽炎时咳嗽呈干咳，伴有咽部异物感，以日间咳嗽为主。

护理得当防治咳嗽

给宝宝的饮食要多样化，不要偏食，也就是要营养平衡。要充分供给水分，如果体内缺水，气管内的痰液就会变稠不易咳出。还要注意少吃甜食、饮料，中医认为甜能生痰，也易生热，都是引发咳嗽的诱因。

要注意适量运动，增强体质。在寒冷的冬季，门窗紧闭，空气不流通，病菌容易繁殖引起咳嗽，所以在外面天气比较好的时候，可以多带宝宝到户外活动。

宝宝对外界适应能力较差，体温调节也不完善，所以不要给宝宝穿得过多，盖得过厚，否则出汗过多，引发感冒咳嗽。家长要注意随着季节变化给宝宝增减衣服。在夏季也要注意空调不要开得过冷，宝宝适应不了也会咳嗽，最好室内外温度差不要超过5℃。

当宝宝咳嗽痰不易咳出时，家长可将宝宝头朝下趴在膝上，然后用手掌轻轻拍打患者的背部，使痰液易排出。

第168~169天 宝宝为何易发生气管异物

人的鼻腔后部与口腔相通，统称咽部。吸入的空气和咽下的食物在这里分别进入气管和食道。气管和食道是两条并行的管子，它们在咽喉处各有各的入口。当人们吸气时，声门开放，空气进入气管和肺部，当进食时，食道口开放，声门关闭，食物进入食道和胃。但如果人进食时大笑、跑动，食物有可能被吸进气管，轻者可致呛咳，重者可发生呼吸困难，甚至危及生命。

气管异物为何偏爱小宝宝

1.几个月的小宝宝，虽然会吃些东西，但因牙长得不齐全，不能将食物充分嚼碎嚼烂。又因其喉部保护机制及吞咽功能不全，因此极易将异物吸入气管。

2.小宝宝认识世界的方式不仅是通过眼、手、耳，他也通过口来认识世界。他喜欢将细小的东西放进嘴里，认识物品的质地。

3.不良的进食习惯。小宝宝不会坐在那里安静地吃饭，经常是一边玩一边跑一边吃，有些父母看孩子吃得少，还喜欢追着喂。更有些父母喜欢在宝宝吃饭时训斥孩子，使孩子受惊吓而啼哭。这些不良习惯都易使孩子将异物吸入气管。

4.不恰当的食物。有些食物表面光滑、细小、质轻，如花生米、瓜子仁、西瓜子、果冻、米花、葡萄等。

细心观察、镇定施救

1.当异物吸入喉部时，宝宝可立即发生咳嗽、气急、面色青紫、气喘。这时家长要保持镇静，鼓励宝宝咳嗽，这是机体的一种自我保护。有时通过咳嗽可将异物排出。在宝宝咳嗽时，暂时不要拍打背部，以免造成异物移位。

2.出现气急、不能咳嗽、不能说话、不能呼吸，面色青紫，这说明异物已经将呼吸道完全堵住。这时不要用手去掏宝宝的嘴，以免刺激咽部，引起喉头痉挛、水肿，加重病情。异物卡在气管是非常危险的，只需三四分钟的时间，大脑细胞就可死亡，严重者可危及生命。因此有小宝宝的家长学会急救是非常必要的。

亲子小游戏

钻山洞

爸爸趴在地毯上，双臂支撑，腹部抬高，妈妈让孩子“钻山洞”，从爸爸腹下爬过去，爸爸仰卧在地毯上，妈妈说：“爬大山。”让孩子从爸爸身上爬过去。

目的：练爬，培养亲情。

第170~171天 宝宝气管异物的急救和预防

家庭简易急救法

当宝宝出现气管异物时，可用背部叩击法进行施救，此方法适合对1岁以内宝宝施用。

步骤1 将宝宝翻转成俯卧位，并骑跨于抢救者的一侧手臂上，使宝宝头部低于躯干，同时用手稳固握住下颌以托住头，并将此前臂放在自己大腿上。

步骤2 用另一只手的掌根用力叩击宝宝背部两肩胛间4～6下。

步骤3 再将叩击的手放在婴儿背上，手指握其后头、颈部，把宝宝放在两手中间，将其上下一致翻成仰卧位。

步骤4 使头低于躯干，抢救者前臂放在大腿上，再用另一只手的两个手指在婴儿胸部（把3个手指放在胸部中线上，食指对准乳头连线，抬起食指，用中指、无名指向下压2~3厘米）冲击4次。

步骤5 当宝宝哇的一声哭出来，说明异物已经出来，这时要将宝宝放成侧卧位，迅速用小手指沿着口腔低的一侧将口中异物取出，防止异物二次吸入。

家庭预防很重要

1.为宝宝购买玩具时，要查看是否适合3岁以下宝宝。在外包装上，一般有详细的说明，如果里面有小零件，则不适合。

2.培养宝宝良好的进餐习惯，在进餐时，不要说话、大笑、跑跳，家长更不要训斥宝宝。

3.家中宝宝能触及的地方，不要放细小物品，如扣子、钱币、小球等等。

4.宝宝吃东西时，一定要有人看护，并要看着他咽下去。

5.宝宝吃果冻、花生、瓜子、葡萄、米花、水果糖等食品时，要格外小心，而且尽量不要让宝宝吸入口中，而要将其放入口中。尤其是果冻，它质地柔软，进入气管后极易随气管变形，完全堵住呼吸道，因此最好不要给小宝宝吃。

6.叮嘱宝宝不要口中含着东西跑，也不要让宝宝养成噘食食物的习惯。

7.宝宝睡觉前，不要口中含着食物入睡。

8.年龄大些的宝宝换牙时，要让宝宝及时将掉落的牙齿吐出。

第172~173天 正确选择小儿非处方药

明确病因病情

在用药前，家长首先要了解孩子发烧是否因感冒所致？呕吐、厌食是否由消化不良引起？在辨明情况下再选择用药，否则用药不当会掩盖病情，耽误治疗。用退热药不要超过3天，见好就收，不见好转应及早就医。

精确把握剂量

虽然非处方药较为安全，但也不能滥用。除参照说明书剂量给药外，还要考虑到孩子的胖瘦、高矮、体质强弱、过去用药量等多方面的因素。

选择合适剂型

小儿因药味苦往往拒绝服药，所以对于新生儿最好选用滴剂，对婴幼儿最好选择糖浆类药物或干糖浆剂，对再大一点的宝宝可以选用冲剂或果味型片剂。

掌握适当疗程

一般在用药症状消失后再巩固数天。对用退热药，在热退1天后即可停药，用药也不要超过3天，热不退要去就医。如果疾病稍有好转就匆忙停药也不妥当，这样会使治疗不彻底，使病“死灰复燃”。

药物妥善保管

许多小儿用药是糖浆类，即使大人用药也有糖衣片，但这些药物应该放在孩子拿不到的地方。幼小儿童把药当糖吃发生中毒也不少见。此外，已启用的糖浆剂不宜放置超过7天。

购药需要谨慎

有些广告将药物疗效夸大，不能轻信。家长最好到正规信得过的药店去买，慎防假冒伪劣药品。

第174~175天 宝宝流鼻涕要正确处理

宝宝流鼻涕的原因

急性鼻炎 由感冒引起，是大多数宝宝流鼻涕的原因。此时鼻腔黏膜充血肿胀，腺体分泌大量黏液形成鼻涕，开始为清水样，3～4天后转为脓鼻涕，然后逐渐痊愈。

过敏性鼻炎 近年来有增多趋势。流涕伴有鼻塞、鼻痒、打喷嚏，尤其在清晨时较明显，会出现连打喷嚏不止。

鼻窦炎 由于急或慢性鼻炎引起鼻窦炎，流鼻涕很多，常有臭味，似有流不完的感觉，常伴有头痛、鼻塞。

鼻息肉 鼻涕不易流出，鼻孔不通气，睡觉打呼噜。

鼻异物 由于幼儿将异物放入了鼻腔内引起。在一侧鼻腔内有臭味，流脓鼻涕，有时涕中带血。

刺激性流涕 常因异样气味或冷空气入侵鼻腔，刺激鼻黏膜分泌大量黏液起到保护作用。

正确处理宝宝流鼻涕

家长要学会为宝宝擤鼻涕的正确方法。其方法是分别堵住一侧鼻孔，先一侧再一侧地把鼻涕擤干净。

对婴儿不能用血管收缩剂，平时要让婴儿多饮水和果汁，使鼻分泌物软化，减少呼吸道分泌物的堵塞。若分泌物过多，可以用热水、蒸汽雾化薰鼻。

对预防过敏性鼻炎，首先应该寻找过敏原，然后远离过敏原，避免接触毛皮、花粉、地毯、羽绒。家中用湿布擦灰或用吸尘器清洁环境。要经常开窗通风，保持空气清新流动。对家居环境的装修尽量使用绿色环保材料。

要加强锻炼，尤其是要增强宝宝对冷的适应性，用冷水擦脸，可以减少流清涕。家长要注意气候突变，及时给宝宝添加衣服，晚上避免宝宝踢被子，冬季清晨不要带宝宝到外面吹风，同时少到公共场所、人员密集的地方活动。

中医中药对宝宝流鼻涕有效。对流黄鼻涕可给予金银花、菊花冲茶；鼻渊炎及过敏性鼻炎可以用辛荑、黄芩、苍耳子、川芎、藿香、白芷等或选用鼻渊舒、辛芩冲剂等中成药。

第176~177天 小儿呕吐需要重视

小儿呕吐是小儿时期常见的症状，由各种原因引起的胃肠道逆蠕动，同时伴有腹肌和膈肌的强烈收缩，迫使胃肠道食物吐出。家长除要辨明呕吐的原因外，还需重视护理和食疗以帮助胃肠功能尽快恢复正常。

呕吐的原因

消化道感染性疾病 较多见，如肠炎、胃炎、阑尾炎，是炎症对胃肠刺激引起的反射性呕吐，常伴有腹痛、恶心、腹泻和腹胀。

消化道功能异常 是常见的呕吐原因。如饮食不当，进食过量，家长强迫小儿进食，胃食道反流等，常伴有食欲不振、舌苔厚腻、口臭等。

消化道器质性梗阻 食管、胃、肠内容物下行受阻，逆行以致呕吐。如消化道闭锁或狭窄、肠扭转、肠套、蛔虫性肠梗阻等。常伴有腹胀、便血、不大便。

脑神经疾病 脑炎、脑膜炎、脑肿瘤可发生颅内高压，引起中枢性喷射性呕吐，多不伴有恶心，常有头痛、嗜睡、昏迷、惊厥。

各种中毒 各种毒物对胃肠道刺激或作用于脑神经引起呕吐。

呕吐的护理

母乳喂养者，每次哺乳前用温开水擦洗乳头，并以四指托起乳房，拇指置于乳头上乳晕处，减慢乳汁的流出；人工喂养者每次哺乳前开水泡洗奶具，奶液充满奶头后再给予哺乳，乳头孔不易过大。哺乳后直立抱起并拍背，使新生儿将吞咽的空气排出，哺乳后不易短时间内抬起下肢更换尿布。

注意小儿的饮食要定时定量，不宜太饱。食物要新鲜，少吃辛辣及煎烤炸食品。

对胃食道反流的小儿，入睡时可选择头高脚低侧卧位，以头抬高15°为宜。在侧卧期间，要专人护理，防止呼吸暂停。

对神经性呕吐，要加强体格锻炼，生活要有规律，早睡早起，饮食要平衡。

给小儿喂药时，不要太热太冷。喂药需少量多次，必要时可服一口，停一会，然后再服。

对先天咽反射较敏感的小儿，在感冒时，不要吃得太饱，可减为平时的一半。此时可喂以容易消化的流质或半流质。

对呕吐的孩子要采取侧卧位，以防呕吐物吸入气管。严重的呕吐应当暂时禁食。

育儿箴言

断奶在幼儿生命中是个重要的转折点，我们不该让孩子继续吸吮而不咀嚼食物。

第178~179天 及早发现宝宝发育迟缓

发育迟缓是指其宝宝的智力水平明显低于同龄儿的平均发育水平。若宝宝在成长过程中有如下现象，妈妈应及时带宝宝去医院检查。

宝宝是否会哭

健康的宝宝出生后就会哭。若宝宝不会哭、很少哭或受到刺激也不会哭，看起来好像很乖。这不是什么好现象，宝宝可能智力有问题。

宝宝身子软而无力

宝宝2个月时，感觉身子特别僵硬或软而无力，妈妈抱着时，后背和脖子就会使劲地往外挣，好像要推开妈妈。妈妈这时要注意了，宝宝可能智力有问题。

宝宝其他的情况

2个月的宝宝就会注视物体，3个月时就会追视妈妈拿的玩具，5个月认识妈妈。若宝宝在6个月时还不认识妈妈，或注意不到周围的人和事物，可能是大脑发育不正常。

3个月左右妈妈用玩具逗宝宝，宝宝会发出咯咯的笑声。若4个月时还不会笑，6个月时很少笑，妈妈应该注意，宝宝有可能是智力低下。

若宝宝4个月时，双手不会抓握玩具、伸手够玩具或还没有吃手动作；5个月时，宝宝的头转向一侧，另一侧胳膊就会僵直，在宝宝6个月时还没有消失，妈妈应该带宝宝去医院。

宝宝在4个月时，还不能俯卧抬头，或坐姿时头位不能竖起来；6个月时还不会靠着身后的东西坐下，这往往是宝宝脑损伤的标志。

宝宝8个月还不会单独坐着，12个月还不会爬行，可能是智力发育有问题。

亲子小游戏

照镜子

妈妈抱孩子在穿衣镜前，指着宝宝的脸反复叫宝宝的名字，指着孩子的五官让他认识。然后问他："妈妈在哪？"

目的：认识身体。

育儿箴言

在帮助孩子健全发展的过程中，最常被人忽视的，就是人性的特质——孩子精神上的需要。

第180天 第6个月智能发育测试

分类	项目	测评方法	通过标准
大动作	独坐片刻	让宝宝坐在床上，不扶，给其玩具玩耍	能独自坐半分钟以上
	扶着站立	扶宝宝双臂站立	能扶站5秒以上
精细动作	积木从一手传至另一手	宝宝抱坐，递一方积木给宝宝拿住后，再向拿积木的手前递另一块积木	将第一块积木直接传至另一手后，再去拿递来的第二块积木
认知能力	抓去蒙在脸上的手帕	宝宝仰卧，将一块干净手帕蒙在其脸上	能用手抓去脸上的手帕
	会认物品（注意是注视还是用手指）	抱起宝宝，大人说出他熟悉的物品观察反应	听到物品的名称，会用眼注视或用手指
言语	听到“妈妈”朝妈妈看	爸爸或其他人抱起宝宝，妈妈站在一旁，爸爸问宝宝：“妈妈呢？”观察反应	听到问话朝妈妈看
情绪与社会行为	开始认生	观察宝宝对生人的反应	有明显的害怕、焦虑、哭闹等反应
	捕捉并拍打镜中人	置宝宝于大镜子前	对镜中人影有捕捉、拍打、亲吻等反应
	夺走玩具发脾气	直接夺起宝宝手中正在玩的玩具	喊叫，表示不高兴或哭闹
	区别严厉与亲切的语言	观察宝宝对严厉或亲切的语言的理解程度	对亲切的语言表示愉快、对严厉的语言表示不安或哭泣等反应

说明：以上智能发育测试是本阶段宝宝的平均水平。由于宝宝成长发育存在个体差异性，所以，如果您的宝宝某些项目没有达到要求，请不用担心，您只需在以后多加关注和训练即可。

第7个月
宝宝开始认生

时光荏苒，初见他时的可爱模样还会经常浮现，也许就是那一眼，便注定了你每天的凝望，辛苦带着满足，疲惫伴着幸福。

看着他熟睡的样子，你多想去轻抚，想去亲吻，却生怕惊扰了他的梦。你想像着他的梦中是否有你，可以如此安详甜蜜。

索引 本月内容分类查阅

第181天 第7个月宝宝发育指标

生理指标

满7个月时，男婴体重7.4～9.3千克，身长66.7～72.1厘米，女婴体重6.8～8.6千克，身长64.9～70.2厘米。平均长牙2～4颗。

养育要点

1.添加辅食，使宝宝喜欢辅食。

2.尝试用辅食代替一顿奶。

3.预防疾病。六个月后，婴儿从母体中带来的免疫力降低了，容易受感染，同时易引起全身性的病变。家长要增加宝宝户外活动，不带宝宝去人多的公共场所。注意卫生，对宝宝入口的器具要进行消毒。

4.帮助宝宝学习爬。爬对宝宝智力发展和身体发育都有促进作用，科学已经证明，不会爬就直接走的孩子容易成为“问题孩子”，会在运动、学习中遇到障碍。

5.锻炼手的精细动作。手的发展很大程度上代表了智慧的增长，家长可以让宝宝玩各种玩具，促进手的动作，从被动到主动，由不准确到准确，由把着手教到听语言指挥而动。

发育指标

1.宝宝会坐了，在大人的帮助下会爬；手能拿起玩具放到口中。

2.能够理解简单的词义，懂得大人用语言和表情表示的表扬和批评；会表示喜欢和不喜欢；会用声音和动作表示要大小便。

3.记住分别一个星期的熟人3～4人。

提示

1.宝宝长牙时，会咬手指、玩具、衣被，适当吃磨牙食物非常必要，可以给他一些磨牙饼干。

2.少坐多爬好处多。

3.不要亲宝宝的嘴，不要口对口喂宝宝食物，因为大人的唾液常带有细菌和病毒。

体重：________千克　　身长：________厘米

头围：________厘米　　胸围：________厘米

身体情况：

预防接种：无计划免疫疫苗。

第182~183天 可以添加固体食物了

这个阶段的宝宝口腔唾液淀粉酶的分泌功能日趋完善，神经系统和肌肉控制等发育已较为成熟，而且舌头的排斥反应消失，可以掌握吞咽动作，表示这个月龄的宝宝消化能力又比以前强了，而且唾液能将固体食物泡软而利于宝宝下咽。

再加上这个时候的宝宝大部分长有2颗牙，咀嚼能力提高了，可以吃一些固体食物，这可以训练宝宝咀嚼动作、咀嚼能力。并且可以通过咀嚼刺激唾液分泌，促进牙齿的生长。

此时宝宝手已经可以抓住食物往嘴里塞，虽然掉的食物比吃进嘴里的要多，这时正是给宝宝吃条形饼干、条形面包或馒头干的时机。

宝宝从吸吮乳汁到用碗、勺吃半流质食物，直到咀嚼固体食物，食物的质和饮食行为都在变化，这对宝宝提高食欲是大有益处的，同时对宝宝掌握吃的本领也是个学习和适应的过程。

亲子小游戏

开抽屉取物

将孩子的玩具放进一个有滑道的抽屉里，关好抽屉让孩子取出来。有滑道的抽屉比较轻，易于拉开。

目的：训练手臂。

第184~185天 饮食习惯，从现在开始培养

按时就餐

定时定量让宝宝就餐，可以使宝宝的胃形成内在的条件反射，有利于宝宝消化系统的正常运行。

饭前洗手

就餐前给宝宝洗手，可以避免宝宝将细菌带进口腔，同时有利于培养宝宝养成良好的卫生习惯。

专心就餐

边吃边玩，既不利于食物的消化吸收，又容易让饭菜变凉引起腹泻。只有让宝宝专心就餐，才能增进他的食欲，身体才能长得更好。

荤素搭配

有时你可能以为宝宝现在牙齿没长几颗，又没什么消化能力，所以你多半会给宝

宝喂一些汤而不给他吃肉。其实这个时期宝宝已经能吃鱼肉、肉末等食物了，而且汤里的蛋白质只是肉里的3%～12%，汤中的脂肪只是肉里的37%，汤中的无机盐只是肉里的25%～60%，所以无论汤多鲜美，营养却远远不如肉。因此，在给宝宝喂汤时也要给宝宝喂些肉。这样既能确保营养物质的充分摄入，又能充分锻炼宝宝的咀嚼和消化能力，从而促使乳牙的萌出。

第186~187天 吃饭，宝宝有自己的方式

这一时期，宝宝手的动作变得更加灵活，而且他也有自己的主意了，吃饭时可能体现得更明显。

宝宝会挑食了

这时的宝宝往往会把自己不喜欢吃的食物用舌头顶出来，甚至有时他会把你做的食物推开。这时候的挑食跟大宝宝的挑食是不同的，兴许这次宝宝不喜欢的食物，下次他就会喜欢吃了。所以你不必为此担心。你可以改变一下食物的形式，或选取营养价值差不多的同类食物替代。比如，宝宝不爱吃碎菜或肉末，就可以把它们混在粥内或包成馄饨来喂；宝宝不爱吃鸡蛋羹，就可以煮鸡蛋或者煎荷包蛋给宝宝吃等。

即使宝宝对变着花样做出的食物还是不肯吃，也不要着急。如果宝宝只是不爱吃鱼和肉中的一两样，是不会造成营养缺乏的。谷类食物里的品种很多，不吃其中的几种也是没有关系的。但千万不可强迫宝宝，以免因此而产生厌食症。宝宝这次不吃，可以过一段时间再试试看，不能因为一次不吃，以后就再也不给宝宝吃了。

宝宝会抓食了

宝宝吃饭的时候，常常会把手伸到碗里，抓起东西就往嘴里放，即使不是在吃饭。宝宝不管看见了什么东西，都喜欢送到嘴里，这是宝宝生长过程中必然出现的一种现象，代表着一种本能和进步。

宝宝能将东西往嘴里送，这意味着宝宝在为日后自己吃饭打基础，若禁止宝宝用手抓东西吃，可能会打击宝宝学习自己吃饭的积极性，不利于宝宝手功能的锻炼，也不利于宝宝身体各部分协调能力的发展和培养。

你可以让宝宝抓些像饼干、水果片等“指捏食品”，这样不仅可以训练宝宝手的技能，还能摩擦宝宝的牙床，以缓解宝宝长牙时牙床的刺痛。而饼干、水果片通常是7个月宝宝最先用手捏起来吃的食物。

另外，爸爸妈妈在给宝宝喂食物时，不要阻止宝宝把手伸到碗里去，要随着宝宝自己的意愿，自己喂自己。只要宝宝吃得高兴，食物就消化得更好。宝宝经过一番辛苦，能吃进去一部分，另一部分会沾到手上、脸上、头发上和周围的物品上，爸爸妈妈最好在宝宝吃完后再处理，重要的是让宝宝体会到吃饭的乐趣。

第188~189天 巧手妈妈自制磨牙棒

宝宝长到7个月，就进入了磨牙时期。这时，父母通常都会买很多磨牙饼干或磨牙棒给他们咬着。但这些东西可能并不讨宝宝喜欢。其实家长可以从日常食物中选择一些，自制成磨牙棒。

新鲜蔬菜磨牙棒

现在市场上的磨牙棒分为两种，一种是十分坚硬的，宝宝根本咬不动它；另一种是软软的，和饼干没有太大的差别，与其说是磨牙棒不如说是手指饼干。软质的磨牙棒虽能起到一些磨牙的作用，但是时效不长，吃得太多易影响奶量和正餐。

所以硬质的磨牙棒更适合宝宝啃咬，但要经常更换磨牙棒的口味，免得宝宝厌烦。

除了把苹果、桃子等水果做成磨牙棒外，还可以把各种硬些的蔬菜，如新鲜的胡萝卜、黄瓜等去皮，切成小条，长短可参照宝宝手指，让宝宝去啃去咬，就算被他随手扔了也没关系，再给他拿一根就是了。

如果妈妈再用心点，可以把胡萝卜、黄瓜刻成各种各样的形状，比如刻成小动物，拿给宝宝，既能咬，又能玩，妈妈还可以用它教宝宝认物，认颜色。这样的磨牙棒，又便宜，又健康，一物多用，物超所值。

这样的脆嫩磨牙棒适合刚开始长牙的宝宝，如果宝宝已经长了几颗牙，就难免偶尔啃下一大块，妈妈如果不能及时发现，宝宝也许会噎着。

红薯干磨牙棒

把新鲜红薯洗净，去皮，切成粗条状，蒸熟，再晒至半干就可以当宝宝的磨牙棒了。这样的红薯干很有韧劲，但是又不坚硬，在宝宝长时间的啃咬和口水浸润下，也只会从表面掉下一点点糊糊，而且甜滋滋的，很有营养，重要的是，妈妈不必担心宝宝噎着。

第190~191天 使用安抚奶嘴的利弊

长期使用安抚奶嘴的弊端

1.如果父母一直给宝宝含个奶嘴，宝宝本来的吮吸反射无疑是会强化，久而久之更依赖。

2.宝宝不断的有吃奶动作，其胃肠道也条件反射地跟着蠕动，频繁地蠕动易使宝宝发生肠痉挛，引起腹痛。

3.长期使用安抚奶嘴，会影响宝宝上下颌骨的发育，也会使宝宝形成高腭弓，导致上下牙齿咬合不正，形成不美观的嘴唇外观。

使用安抚奶嘴的优点

从宝宝出生到2岁左右进入了口腔期，在此阶段，宝宝会比较专注嘴里的东西，除了用吸吮的方式来进食维持生长发育之外，更可经由吸吮的动作促进唇与舌头附近的触觉，进而得到满足的快乐感觉。

吸吮感没有被充分满足的宝宝，喜欢吸吮自己的手指，这样易造成皮肤破损、手指变形，很不雅观。稍大一点如果还有这样的习惯，可能会影响其牙床发育。

2岁以内可以不用戒掉吸吮安抚奶嘴的习惯。利用安抚奶嘴可训练宝宝吸吮及吞咽的能力，特别是对低体重的早产儿，可促进其口腔、肠胃蠕动功能的完善，同时达到自我安抚的功能。

亲子小游戏

爸爸的声音

1.爸爸以最低的声音来叫宝宝的名字。

2.一边发出稍微高低变化的声音，一边观察宝宝的反应。

3.试试看，对着宝宝的耳朵说："你好，小宝贝！"

目标：训练宝宝的听力。

第192~193天 宝宝的依恋情感逐渐转换

这一时期你可能会发现宝宝非常黏人，只要发现你不在身边就会哭泣，只要你一转身他就大哭，即使你用他熟悉的食物引诱他，他还是哭个不停；如果哪天想趁宝宝不注意溜出去买点东西，那几乎是不可能的。等你回来，宝宝一定在保姆或奶奶的怀里哭得像泪人一样。

宝宝黏人的原因

这个时期的宝宝已经能够区分出妈妈和陌生人了，所以妈妈不在身边他就会大哭；宝宝已能区分白天和黑夜，黑夜的来临让他感到恐惧。所以他希望妈妈能多抱抱他。这些都是宝宝心理发育过程中的正常现象，你不必为此感到奇怪，宝宝的种种表现都说明他很聪明，他的认知能力已经有了很大的提高，此时的他进入了一个新的时期——依恋期。

你可能觉得其实在前几个月宝宝也很依恋你，的确如此，只不过宝宝现在对你的依恋方式和以前不一样了。刚出生时，宝宝对你的依恋可能表现为他想在你的怀抱里，想拥有子宫般的感觉，我们称之为前依恋期；当6个月时，宝宝对你和经常照顾他的人回报更多的微笑，这让你拥有极大的满足感，我们称之为依恋关系建立期；而现在这个时期，如果你要短暂地离开宝宝或者长时期离开宝宝，宝宝就会大哭大闹，极力反对，我们称这个时期为依恋关系明确期。随着宝宝的长大，依恋的形式也会有所改变。

此时的你可能会回到工作中，要和宝宝分离，而宝宝现在又非常需要你，你该怎么办呢？

增加和宝宝接触的机会

即使是短暂地爱抚、拥抱、亲吻都可以让宝宝感受到你的爱。

对宝宝多点耐心

有时宝宝非常“贪得无厌”，你需要付出相当多的关注、照料和教导。有时宝宝烦躁不安、哭闹不止，你要及时调控自己的情绪，表现出足够的宽容与耐心。如果你对宝宝时而热情时而冷淡，会使宝宝感到无所适从，久而久之他会对你缺乏信任。

及时回应宝宝

当宝宝有需要时，会以各种方式吸引你的注意力：哭闹、手势、咿咿呀呀的咕哝声。如果他的信号屡屡被你忽视，他就会对你渐渐变得冷淡。

第194~195天 教宝宝指认身体部位

这个月龄的宝宝，已经能够记忆并且理解一些日常生活中常用到的词汇，虽然还不会说，但是在日常生活的耳濡目染中，已经能习惯于理解妈妈的一些指令性话语。例如，穿衣服时，妈妈说“把手抬起来”，喂饭时妈妈说“张开嘴”，宝宝都能配合。因此，指认身体的部位，也是这个月龄宝宝能够初步掌握的能力。

婴儿一般最早认识的，是自己的小手。也有一些宝宝最先学会认眼睛或鼻子。对宝宝说“再见”时，宝宝会摇动小手，说到“握手”时，知道伸出小手。因此，让宝宝认识自己的身体，先认识小手就要容易得多。

有的宝宝喜欢蹬踢玩具，可以趁着宝宝兴趣浓厚的时候，教宝宝认识“脚丫”。如果婴儿喜欢玩照镜子的游戏，可以先让宝宝学认脸部的器官。

照镜子，是指认身体部位的最直接和最简单的方法，也可以利用娃娃玩具来辅助照镜子指认身体部位。先照镜子，指认自己的身体部位，然后在玩具娃娃身体上找到相关部位。

指认身体部位，是让婴儿理解和学习语言，记忆词汇意义的方式。从7个月起，婴儿开始逐渐学习和理解日常词汇。平时，给宝宝穿衣服、洗澡的时候，妈妈都可以用一些简单的词语来对宝宝说，例如“伸手”、“抬腿”、“闭眼”、“张嘴”等，宝宝会逐渐懂得和记住妈妈常常说的短语的意义。一般婴儿在8个月龄左右，就能学会指认身体。

可以和宝宝用做游戏的方式来指认身体部位，先通过照镜子，启发宝宝找到五官的位置，然后再不用镜子，让宝宝指认洋娃娃的眼睛、鼻子。“这是娃娃的眼睛，宝宝的眼睛在哪儿？”“这是娃娃的鼻子，宝宝的鼻子呢？”给宝宝吃饼干前，可以说“把手伸出来！”宝宝急于拿到吃的，自然会伸手。要反复重复和强调：“这是手，伸手拿！”穿衣服时，让宝宝“抬起手！”洗手时，“把手伸出来！”和人再见时，说“再见，摆摆手！”还可以说：“来握握手！”

第196~197天 宝宝可以看电视吗

宝宝对电视上的广告图片非常感兴趣，看到一些自己喜欢的图片时，有时还会伸出小手去抓，看着宝宝开心的样子，很想将电视当做宝宝的“高级保姆”，但又担心这样会给宝宝的眼睛带来影响，宝宝可以看电视吗?

不会说话的宝宝要通过自己的感觉器官来接受外面的各种刺激进行学习，同时认知外面世界。宝宝通过看电视也是宝宝认知世界的一种方法，看电视刺激宝宝的视觉、听觉，并将信息储存在大脑中。但是宝宝看电视一定要养成好习惯，否则会给宝宝的身体带来伤害。

宝宝看电视时，时间不要过长，最好在5～10分钟，宝宝年龄太小，视觉发育很不完善，时间过长会使宝宝的眼睛疲劳。

选择合适的距离，最好在2～3米之间，宝宝眼睛的调节能力太弱，近距离的电视强光会引起宝宝视觉的敏感性降低，容易引起宝宝近视眼。

宝宝看电视，最好白天看，若晚上看，一定开室内灯，使房间足够亮，这样可以缓解眼肌的疲劳，可以保护宝宝的眼睛。宝宝看电视的声音不要过大，不要有杂音，避免影响宝宝的听力。

宝宝看电视时，不要让宝宝看恐怖、兴奋、画面变换过快的节目，要选择适合宝宝的少儿节目。

宝宝看电视时，妈妈要注意宝宝的眼睛最好直视电视画面，不应该让宝宝不在同一条水平线上看电视画面，避免宝宝出现斜眼。

妈妈不要让宝宝边看电视边吃饭，或者是宝宝吃完饭就看电视，时间长了会影响宝宝的消化功能。

第198~199天 训练宝宝自己排便

等到宝宝七八个月大时，他已经能够用表情来表达“想去厕所”的意思了。通常情况下，当宝宝的小脸憋得通红、哭闹的时候，也许是他在表达“爸爸，妈妈，我想便便”的意思。如果这时宝宝已经能够自己支撑着坐起来，那么恭喜你，你可以“教会宝宝大小便”啦!

让宝宝熟悉便盆

要让宝宝接受便盆就必须先让他熟悉它。你可以像介绍一位新朋友或新玩具那样，用亲切的语言为宝宝介绍便盆，可以让宝宝用眼睛观察、用手触摸来熟悉便盆，鼓励宝宝每天在便盆上坐一会儿，开始时甚至可以不脱裤子，并可把尿布上的粪便放入便盆内，指给宝宝看，使宝宝逐渐理解便盆的概念和用途。

提示与强化并用

宝宝表示有便意时，你应该立即带他到便盆处去排便。对宝宝良好的排便行为，你应该给予及时地鼓励，以增强他的自信心。同时应对宝宝经常提醒、反复强化。你还可采取让宝宝睡前排空、夜间停止使用尿布、睡眠中唤醒宝宝等方法，帮他建立夜间控制排便的习惯。一旦宝宝习惯了，他自己就会感到把大小便排到尿布或内裤上很不舒服。

训练宝宝自己“方便”

养成好的排便习惯，对宝宝而言是重要的。不仅可以让宝宝养成良好的卫生习惯，更重要的是可以让宝宝建立自信心和增强自尊心，对宝宝以后的心理发育和成长有很大的影响。

亲子小游戏

黑和白

1.先准备好一张白纸和一支黑色的笔，然后将白纸对折，用笔将纸的半面涂黑，另半面空白。

2.在宝宝醒着的时候，将这张涂好的纸举到离宝宝眼睛30厘米的地方晃动，逗引宝宝观看。

目的：锻炼宝宝的视觉观察及对比能力，训练其逻辑思维智能。

第200~201天 宝宝误服药片怎么办

发生宝宝误服药片这种情况后，妈妈一定不要手忙脚乱，要耐心细致地查看和想方设法了解清楚：宝宝到底误吃了什么药，吃了多少，确定宝宝误服了何种药物后，应该马上送医院，如果送医院路程较远，可以先在家中进行必要的急救措施。

如果宝宝刚吃下药不久，可用手指刺激孩子的咽部，引起他恶心、呕吐，把药物吐出来。

如果宝宝误服了维生素、止咳糖浆等不良反应较小的药物，应该让宝宝多喝凉开水，使药物稀释并及时排出体外。

如果宝宝误服了安眠药、某些解痉药（阿托品、颠茄合剂之类）、退热镇痛药、抗生素及避孕药等，妈妈应该用手指轻轻刺激宝宝的咽部，引起发呕，让宝宝将误服的药物吐出来。

若是孩子错服了止痒药水、癣药水之类药物，可让孩子多喝浓茶再引吐。茶叶水中的鞣酸具有沉淀及解毒作用。反复进行，直到呕出物无药水色为止。最后还是要送医院作进一步地观察和处理。

若是孩子误服了碘酒，赶快让孩子多喝米汤，以淀粉类流食限制人体对碘的吸收。

家长平时应该管理好家里的药物，不能到处乱放。服药的时候，尽量避开宝宝，宝宝有超强的模仿能力，会跟着学。

经过初步处理后，抓紧时间送孩子去医院检查和抢救。

第202~203天 如何防治宝宝夏季腹泻

夏季是小儿腹泻的高发期，最多见于婴幼儿，与秋季病毒性腹泻不同，多数是由细菌感染引起的，在防治方面也有所差异。

夏季易患腹泻的原因

夏季气候炎热，细菌很容易繁殖，当气温在30℃时，痢疾杆菌在米饭、肉类、西瓜、黄瓜中约8小时可增量达1万倍之多。

宝宝的消化系统不成熟，局部抗感染能力较差，加之生长发育快，需要营养相对较成人多，胃肠道负担重，易受外界环境的影响而患腹泻。

宝宝消化酶分泌较少，若夏季多喝饮料将胃酸稀释，消化及杀菌能力均下降，容易感染细菌发病。

夏季苍蝇、蟑螂明显增多，是腹泻病菌携带的重要媒介。

预防夏季宝宝腹泻的建议

提倡母乳喂养，因为母乳中含有多种消化酶和抗体，营养价值高，易消化吸收，是防止腹泻的最佳婴儿食品。需注意到了夏季不要急着断奶。

人工喂养的婴儿，注意餐具每天煮沸消毒，消毒好的奶具要加罩。最好改用碗勺喂奶，因为奶瓶容易污染，不易洗清消毒，特别是橡胶奶头很容易被病菌污染。

培养孩子的卫生习惯，饭前便后要洗手，不喝生水，不吃变质食物，生吃瓜果要洗净。

夏季炎热，家长喜欢将宝宝的食品放在冰箱内，但是冰箱不是“保险箱”，食物仍有变质和受细菌污染的可能，取出食用前要加热。此外，家用饮水机要定时清洗，若不常清洗会成为宝宝腹泻的感染源。

第204~205天 谨防小儿急性喉炎

小儿急性喉炎的症状

小儿急性喉炎起病较急，多有发热、声音嘶哑、咳嗽等症状。初起时声音嘶哑并不严重，安静时如常人，仅在活动后或哭闹时才会出现吸气性喉鸣及呼吸困难，吸气时颈部、肋间及胸骨剑突下出现吸气性凹陷。

咳嗽呈“空、空”声，夜间症状较重。以后在安静时也出现症状，伴有阵发性烦躁不安、口唇及指甲发紫，口周发青或苍白，出冷汗，如不及时治疗患儿由烦躁不安转为半昏迷或昏迷，面色发灰，以致呼吸及循环衰竭而死亡。

小儿急性喉炎的家庭护理

寒冷和干燥是引起小儿喉炎的外因，所

以居室温度最好控制在20℃左右，相对湿度控制在65%左右，要保持空气流通，阳光充足。

做好思想工作，让患儿安静休息，减少哭闹，以免加重呼吸困难。

在饮食上要清淡、温软、易消化、富营养，避免吃油腻及刺激性强的食物，烧烤、热燥食品也在禁忌之列。

家长要密切观察患儿的呼吸及全身状况，特别在夜间，一旦发现病情有变化，应立即到附近的医院诊治，切不可麻痹大意，痛失治疗良机。

亲子小游戏

吹吹风

1.轻轻地吹宝宝的手心，边吹边哼唱："这是你的小手心。"

2.亲亲宝宝的手心。

3.吹吹宝宝身体的其他部位。多数宝宝都喜欢人们轻吹他们的肘部、手指、脖子、脸颊和脚趾。

目标：让宝宝认识身体的不同部位，提高宝宝自我认知能力。

第206~207天 如何进行手部训练

人干什么工作都离不开手，从小锻炼手部的力量和灵活性，对宝宝的一生都具有重要意义。到了第7个月，大部分的宝宝可以不需任何支撑就熟练地坐起来，并能坐较长时间，这就给训练宝宝手部的力量和灵活性提供了极大的方便。而且，宝宝日常做的很多游戏，都可用来做这种手部力量和灵活性的训练。

拣豆游戏

宝宝长到6个月后，小手的动作明显灵巧了，一般物体都能熟练地拿起，拣豆游戏就是建立在这种基础上进行的。

游戏前，妈妈或爸爸找一个广口瓶，再找10多个爆米花之类比较好拿并可以吃的物品。游戏开始时，妈妈或爸爸可以先做个示范，一个个地把爆米花拣起来，放进瓶里，然后再倒出来。如此反复。在妈妈或爸爸示范动作的启发下，宝宝就会模仿着做。

等宝宝比较熟练后，再换一些如小糖豆等比较光滑难拿的东西，经过这样逐步升级地训练，宝宝的小手指就会越来越有力，越来越灵活，而且会由拇指与其他指头的抓握，逐渐发展为拇指与食指相对准确地捏取。

对于那些发育较慢的大一点儿的宝宝也可以做这个游戏，可以找一个广口瓶或干脆用塑料口杯。开始时，宝宝也可能满把手去抓，然后放到瓶子或杯子里去，只要坚持训练，用不了多久，宝宝就可以用手指灵巧地去捏了。

传递游戏

在做传递游戏之前，可以先做以下基础练习。在宝宝能够准确抓握的基础上，可给宝宝一些积木、套碗、套塔等玩具，首先训练宝宝抓住一个再抓一个，或向宝宝同一只手送两个玩具，让宝宝学会将一个玩具放下，再拿起另一个；进而学会把一只手上的玩具倒到另一只手上，然后再取第二个玩具。

开始时宝宝可能会把玩具扔掉或撒手不接，即使能把玩具放下也不是有意识的。这时，妈妈或爸爸可以在宝宝拿起玩具时用语言进行指导，让宝宝放下或交给妈妈爸爸。每次宝宝按照妈妈或爸爸的指导完成动作后，妈妈或爸爸要以夸奖或亲吻的方式及时给予鼓励，激发宝宝自己动手的兴趣和信心。当这些基础训练都能基本完成的时候，妈妈和爸爸可以分别坐在宝宝的两侧，拿一个玩具交到宝宝的一只手上，然后再教宝宝倒手后，交到妈妈或爸爸手里，直至宝宝完成所有动作。

第208~209天 宝宝辅食的黑名单

4～12个月期间，妈妈要给宝宝添加辅食，但宝宝的消化功能很不完善，妈妈在给宝宝添加辅食时，一定要注意，宝宝食品也有一些“黑名单”，妈妈先暂不要给宝宝添加。

蛋清

鸡蛋中蛋白质分子较小，很容易通过肠壁直接进入婴儿期宝宝的血液中，出现异体蛋白分子过敏反应，宝宝很容易出现一些皮疹，建议1岁以内的宝宝不吃蛋清。

豆类

豆类食品中含有皂素、胰蛋白酶抑制素等抗营养的因子，可以抑制宝宝的生长发育。若豆类食品没有煮熟，宝宝还会出现过敏或中毒反应。

不能吃的一些水果

芒果、菠萝容易引起过敏反应，妈妈不要给宝宝吃，过敏不仅使宝宝嘴边红肿，腹泻，有的还会引起哮喘。茸毛水果，如水蜜桃、猕猴桃中含有大分子物质，宝宝不能消化这些食物，会增加宝宝胃的负担。

重金属超标的鱼

妈妈不要给宝宝添加鲶鱼、罗飞鱼，这类鱼含铅、汞较多，容易造成重金属中毒。

瓶装的饮料或功能饮料

瓶装饮料含有防腐剂或人工色素，妈妈不要给宝宝喝，功能饮料中含有电解质，会增加宝宝的肝和肾的负担，宝宝身体正在发育阶段很容易受到伤害。

不能多吃的蔬菜

妈妈不要给宝宝喂菠菜、韭菜、苋菜这类蔬菜，这类蔬菜中草酸的含量较高，容易和宝宝体内的钙结合，生成草酸钙，影响钙的吸收，导致宝宝钙流失。

带壳类海鲜

螃蟹、贝类、海鲜等带壳类海鲜容易引发宝宝过敏，建议1岁以内的宝宝不要喂食。

第210天 第7个月智能发育测试

分类	项目	测评方法	通过标准
大动作	独坐自如	让宝宝独坐在床上，给其玩具	能独坐10分钟，无需用手支撑身体
	扶双手站立	扶宝宝双手腕站立	扶站10秒以上
精细动作	拇指和其他手指配合抓起玩具	宝宝坐在床上，将一块小积木放在其手能抓到的地方	能用拇指和其他四指配合抓起小积木
	把弄到桌上的小丸	宝宝坐位，将小丸如鱼肝油胶丸，爆米花等放在桌面上，鼓励其取小丸	会将所有手指弯曲把弄到小丸
	用一个玩具敲打另一个玩具	让宝宝手中拿一只带柄塑料玩具，大人示范用小勺敲击桌面一块小积木	会用带柄玩具敲击另一个玩具
认知能力	找当面藏起来的玩具	当面将一玩具藏在枕头下	能找到玩具
	会模仿拍手	大人说“拍拍手”并示范	会模仿拍手
	会认新物品	大人说出宝宝物品名称，观察其是用眼注视还是用手指	会注视或手指听到的物品
言语	发出“爸爸”，“妈妈”声音	宝宝愉快时观察他是否发出过这些音并无所指	能发这些音，但无所指
	听到“爸爸”把头转向爸爸一方（懂“爸爸”的语意）	爸爸站在宝宝面前，妈妈问宝宝：“爸爸呢”？观察反应	听到“爸爸”能把头转向爸爸
情绪与社会行为	见爸妈、熟人要求抱	观察宝宝见到爸妈及其他经常照料他的人时的反应	主动要求抱

说明：以上智能发育测试是本阶段宝宝的平均水平。由于宝宝成长发育存在个体差异性，所以，如果您的宝宝某些项目没有达到要求，请不用担心，您只需在以后多加关注和训练即可。

第8个月
爬行开拓新视界

他那么柔弱，需要你的照顾呵护，他其实又很坚强，在成长的路上跌跌撞撞。

你希望他快快长大，你憧憬着大手牵小手，你梦想自己能靠着他的肩；你不怕自己变老，不怕自己变丑，只希望老了依然能看见他、听见他的声音。

索引 本月内容 分类查阅

第211天 第8个月宝宝发育指标

生理指标

满8个月时，男婴体重7.8～9.8千克，身长68.3～73.6厘米。女婴体重7.2～9.1千克，身长66.4～71.8厘米。平均长牙2～4颗。

养育要点

1.宝宝在饮食方面的爱好可以看出来了，要以宝宝的爱好添加辅食，开发尽量多的食物品种，以保证营养平衡。

2.在做宝宝辅食时，保证卫生是最重要的。

3.在宝宝长牙时期，辅食中添加含钙和维生素D丰富的食物。如虾皮、海带、动物肝脏、鸡蛋黄、鱼、绿色蔬菜等。可以用辅食代替1～2顿奶。

4.在日常生活中，把教宝宝认识周围环境与发展语言相结合。

5.继续进行动作训练。帮助宝宝站立起来，让宝宝多爬、多玩各种玩具。

6.教宝宝一些社交礼节动作，如拍手表示"欢迎"，挥手表示"再见"。

发育指标

1.能够扶着栏杆站起来；可以爬得很好。

2.会用手指抓东西吃；会两手对敲玩具；会捏响玩具；会把玩具给指定的人。

3.会用1～2种动作表示语言，会展开双手要大人抱。

提示

1.这个月宝宝的发病率会上升，不能因为怕感冒就减少户外活动。

2.提供安全的运动场地，清除一切宝宝够得着的小垃圾。电源插座要加保护罩，热水瓶放到宝宝够不到的地方。

3.母乳充足的母亲，不必急于断奶。只要宝宝愿意吃辅食就不要担心。

体重：__________千克　　身长：__________厘米

头围：__________厘米　　胸围：__________厘米

身体情况：

预防接种：第1针麻疹疫苗。

第212~213天 宝宝为什么爱咬指甲

宝宝为什么会咬指甲

如果你的宝宝咬指甲，你可能担心他是对什么事感到焦虑。毕竟，很多人都认为咬指甲是一个“神经紧张”的表现。不过焦虑只是孩子咬指甲的原因之一。你的宝宝咬指甲可能是由于很多其他不那么令人不安的原因，比如出于好奇心或感到无聊，为了缓解压力、打发时间或只是因为习惯。

在所有神经紧张的表现(包括吮拇指、绕头发和抠鼻子等)中，咬指甲是最常见的。几乎所有的孩子在某个阶段都做过，而且很可能延续到成年以后。大概有1/3小学生和1/2的青春期孩子都会咬指甲，至少在一段时间内会如此。不过即使是这样，你的孩子仍可能因为失去兴趣、因为朋友或同学的嘲笑而自己停止这个习惯。

宝宝咬指甲怎么办

别让他的手闲着。如果你知道宝宝可能会咬指甲的时间和地点，比如在看电视或坐车时，可以试着给他一些替代品，比如手指偶、捏捏球或可以弯曲的玩具，让他的手别闲下来。把他的手指甲剪短，让他没有什么可咬。

顺其自然。除了给宝宝玩具玩以外，你最好的做法就是完全忽略他的行为。咬指甲完全是宝宝下意识的习惯，就是说他并没有意识到自己在咬指甲，直到你提醒他注意，所以唠叨或惩罚都是没用的。

你可以在他手上抹一些蒜或醋，但是在这个年龄段，把这些东西涂到他指甲上，似乎是不公平的惩罚。等他大了，自己想要停止这个习惯时，再这样做作为提醒会更有帮助。

去医院检查。在某些情况下，宝宝咬指甲，特别是如果伴随着其他紧张行为，是不安的表现。比如，如果你的孩子咬指甲咬得很凶，以至于撕裂了指甲床或指尖咬出了血，或者嚼指甲并有其他自我伤害的行为，如揪自己的头发，你就要带他去医院就诊。他可能比同龄的宝宝更焦虑，压力更大。

不过大多数孩子，会沉迷于一两个习惯，比如最常见的是吮拇指和抠鼻子，最后你不必干涉他自己就改了。你可以尽量忽略他的习惯，某一天，你会突然发现，咬指甲的习惯也随着宝宝长大而消失了。

亲子小游戏

拍拍脚掌

1.妈妈抓着宝宝的脚踝，让两只脚掌轻轻地碰触。

2.搓搓脚底或用手指按压宝宝的脚掌。

目标：活动宝宝的双脚，刺激脚底的血液循环，使其更加有力量。

第214~215天 训练宝宝的语言和理解能力

现在的宝宝已经能听懂很多词句，对你的话也能做出反应，如果你对宝宝说再见，他会摆摆手；当你对他说“穿衣服到外面玩”时，他会伸手配合穿衣，伸脚配合穿袜子和鞋，而且还会非常兴奋，好像知道外面有什么好玩的新奇东西。此时的宝宝还明白“不”的意思，如果他已经喝完了奶，可还想喝，而你对他摇摇头说“不能喝了”，他会马上明白你的意思，不再喝奶。这时你可以趁机表扬他“宝宝真乖，真听话”，他也会有热切的反应，会伸出小手让你抱他，你会发现宝宝变得更活跃了。

这时的宝宝不仅能变换音调，而且能模仿成人发出的单音节词，发出“妈妈爸爸”的音节。这可能会让初为人母人父的你感到无比亲切。当宝宝看到爸爸妈妈和客人说再见时，虽然他不会说再见，但是也会笑挥小手，似乎在向客人说再见。

第216~217天 爬行，促进宝宝身心发育

爬行是幼儿生长过程中的一个重要环节。家长们千万不要忽视爬行的作用，不要因为怕宝宝四处乱爬有危险，就限制他们爬行的自由，因为宝宝在爬行中，能够获得各方面的好处。

提高活动能力

爬行能锻炼宝宝全身大肌肉活动的力量，尤其是四肢活动的协调性和灵活性，是一种综合性的强体健身活动，有助于视听觉、空间位置感觉、平衡感觉的发育，促进身体的协调；还可使血液循环流畅，并且促进肌肉、骨骼的生长发育。

增强体质

爬行是宝宝第一次全身协调运动，可以锻炼胸肌、背肌、腹肌以及四肢肌肉的力量，并且爬行中消耗能量较大，有助于宝宝吃得多、睡得好，体重、身高长得快。

增进亲子交流

宝宝会爬后，在父母的引导下获得的成功体验不断增多，并且能够在爬行中获得兴奋、成功、失败等多种体验。这些体验能够丰富宝宝的情感，研究表明，经常爬行的宝宝见到父母时的兴奋状态明显高于不会爬行的宝宝。

促进大脑发育

爬行需要大、小脑之间的密切配合，多爬能够丰富大、小脑之间的神经联系，促进脑的生长。爬行动作由最初的爬行反射，

经过抬头、翻身、打滚、匍行等中间环节，最终发展成真正的爬行，需要经历多次的学习、实践；每一次学习与实践都是一次对大脑积极性的调动与激发。因此，学习爬行其实就是对脑神经系统功能的一次强化训练，对脑的发育具有特殊作用。

探索欲望

宝宝的运动、神经等系统在爬行中得到充分的锻炼。可以为宝宝更早、更好地认识世界打下良好的生理、心理基础。这些学习经验将化为好奇心，让宝宝勇于探险，而且培养其未来独立解决问题的能力及自信。

第218~219天 训练宝宝爬行

8个月的宝宝，已经知道了爬行的各种技巧，但爬的动作还不连贯，妈妈可以根据自家宝宝的发育特点，训练宝宝爬行，锻炼宝宝的平衡能力。

最初应如何教宝宝爬行

宝宝最初的爬行姿势很不协调，有的会出现倒爬现象，妈妈可以用手轻轻推宝宝脚掌一把，告诉宝宝要向前爬行，妈妈也可以做一个示范动作，表达“爬”的含义。

妈妈先帮助宝宝趴下，做成俯卧位，头仰起，用小手把身体撑起来，腿变弯放在宝宝的肚子下面。

宝宝爬行时腹部不离地，妈妈不要着急，可以先让宝宝练习爬行一段时间，妈妈再用浴巾提起宝宝的腹部，教宝宝学习用手和膝盖来练习爬行，随着宝宝的生长发育，宝宝就会腹部离地爬行了。

宝宝的爬行姿势很不协调，有的是踮着脚爬，有的是拖着一条腿爬，有的横着爬，有的匍匐爬等，妈妈看到这些姿势不要惊讶，这些都是很正常的，宝宝经过一段时间的爬行训练，身体协调性越来越好，宝宝爬得就会越来越好。

宝宝的爬行越来越熟练后，妈妈可以在爬行过程中给宝宝设置障碍。宝宝在地板上爬时，妈妈可以用一个坐垫、枕头或双腿挡住宝宝爬行的路，有的宝宝会停下来，有的宝宝会绕过去爬，妈妈可以教宝宝如何从这些障碍物上面爬过去。

用玩具调动宝宝的爬行兴趣

方法1 让宝宝俯卧在床上，妈妈在宝宝前面摆弄会响的玩具，以吸引宝宝注意。比如拿一个熊猫宝宝，边晃动发出响声，边亲切地对宝宝说：“聪聪，熊猫宝宝要和你做游戏，快来拿啊！”爸爸则在宝宝身后用手推着宝宝的双脚掌，宝宝想要拿到熊猫宝宝，就会借助爸爸的力量向前移动身体。经过几次这样的训练之后，即使爸爸逐渐减少对宝宝的帮助，宝宝也会自己向前爬了。

方法2 在宝宝趴着的时候，在离宝宝不远的前面摆放一个会动或者会响的玩具，等宝宝伸手去够时，就把玩具再向远处挪一点。做这种训练时要注意的是，玩具与宝宝手的距离不能太远，要保持看上去伸手可得但又够不着的程度，只有这样才能起到刺激作用，勾起宝宝想要得到玩具的欲望，调动宝宝向前爬行的兴趣。

第220~221天 给宝宝最健康的零食

奶制品

各类奶制品，如酸奶、纯牛奶、奶酪等，均含有优质的蛋白质、脂肪、糖、钙等营养素，因此，应当保证宝宝每天都食用一定的量。酸奶、奶酪可作为下午的加餐，牛奶可在早上和睡觉前饮用。

水果

水果含有较多的糖类、无机盐、维生素和有机酸，经常吃水果能促进食欲，帮助消化，对婴幼儿的生长发育极为有益。最好给宝宝在每天饭后吃适量水果。两岁以上的宝宝可以洗净手，让宝宝自己拿着吃。选择水果时要选成熟、没有腐败变质的水果。不成熟的水果含琥珀酸，琥珀酸会强烈刺激胃肠道，影响婴儿的消化功能，而熟透过期发生腐败的水果，会引起胃肠道炎症。

糕点

糕点包括饼干、蛋糕、面包等，富含蛋白质、脂肪、糖类营养素。但各式奶油花类糕点含有色素、香精附加剂，不宜多食。糕点虽然口感好，宝宝爱吃，但吃时要控制量，可以作为下午加餐，以补充热量，却不宜作为主食，让宝宝任意食用，尤其是不能饭前吃。

山楂制品

山楂制品包括山楂糕、山楂片、果丹皮等，既含维生素C，又能帮助消化，饭后适量进食，可以帮助消化，促进宝宝食欲。

糖果

糖果含有多量的糖，能提供一定的热量。但幼儿不宜多吃，尤其是饭前不宜吃糖果，因为糖果能使宝宝有饱腹感，影响宝宝进食正餐的量。

果仁果冻

应当注意，各类果仁果冻虽然富于营养，因为口感好而宝宝们喜欢吃，但却不宜给宝宝食用，因为容易造成宝宝呛咳、窒息，产生不良后果。如果要吃，一定要有成年人在一旁照看着才行，而且不能让宝宝边吃边跑、跳或逗笑，以防呛入呼吸道发生危险。

育儿箴言

每一个孩子都是一个很珍贵的存在，他有单独的个性，因此，也应有他需要的最适合他的教育方式。

第222~223天 婴儿入睡后打鼾怎么办

有些小儿入睡后会发出微弱的鼾声，如果这是偶然现象，可不用担心。如果小儿每天入睡后都打鼾，且鼾声较大，就必须引起家长重视，应尽早带孩子到医院五官科检查。小儿打鼾很可能是某种疾病发出的信号，家长千万不可忽视。倘若对这些病不及时治疗，对孩子的生长与智力发育均会造成极大的影响。

宝宝打呼噜的原因

扁桃体肿大 婴幼儿时期，宝宝的咽部集结了丰富的淋巴组织，又称增殖体，增生过大则为增殖体肥大。扁桃体或增殖腺肥大，引起咽喉部狭窄，入睡时发出鼾声，导致打呼噜、张口呼吸甚至呼吸暂停等现象。

鼻道狭窄 宝宝的咽腔较短，鼻道狭窄，稍有分泌物或黏膜肿胀就易阻塞。半岁之内的小宝宝时常有鼻音、鼻塞或喉咙有痰音，就是这个原因导致的。

呼吸道炎症 上呼吸道发炎、慢性鼻窦炎会使鼻黏膜充血水肿以及扁桃体增殖体异常肥大，鼻咽部通气受阻，睡眠时不能经鼻呼吸，出现随呼吸发出的鼾声。

肥胖 体胖的宝宝咽部的软肉构造较肥厚，睡觉时口咽部呼吸道易阻塞，出现鼾声，严重时甚至会有呼吸暂停的现象。

睡眠姿势不佳 譬如宝宝仰睡，舌头根部因重力关系向后倒，呼吸通道受到部分阻塞，气流进出鼻腔、口咽和喉咙时，附近黏膜或肌肉产生振动发出鼾声。

避免打鼾的有效方法

1.加强喂养，增强宝宝体质。保证宝宝生活有规律，减少睡前剧烈活动。

2.保持营养均衡，防止宝宝过胖。肥胖的宝宝要想办法将体重减下来，让口咽部的软肉消瘦些，使呼吸管径通畅。

3.减少宝宝罹患各种急慢性呼吸道病的机会，避免炎症引起的上呼吸道阻塞。

4.保证宝宝的睡姿舒适。对于打鼾的宝宝，尝试着将他的头侧着睡，或趴着睡，这样舌头不至过度后垂阻挡呼吸通道。

第224~225天 体弱的宝宝应精心照顾

宝宝体质弱的原因很多，有先天的因素，也有后天养育不当所致。

对身体较弱的幼儿来说，注意掌握好饮食、睡眠与运动三项要素，是增强体弱幼儿体质的良策。

1.饮食是宝宝生长发育的物质基础。要想增强幼儿的体质，就必须做到保证全面均衡营养，让宝宝吃多种多样的食物，不挑食、不偏食。纠正偏食：饭前给宝宝讲个故事，对饭菜做一些有趣的介绍。饭量要因人而异，遵循“从少到多，少盛多添”的原则。善于鼓励，让宝宝吃饭时开心，树立吃好吃饱的信心。

2.充足的睡眠，对幼儿健康尤其重要。如果宝宝睡眠不足，不仅身体消耗得不到补充，而且由于激素合成不足，会造成体内环境失调，从而削弱宝宝的免疫功能。

为保证体弱幼儿的睡眠时间和质量，应当合理安排宝宝的作息制度，早睡早起。家长夜间做事时，不要让灯光、声音影响宝宝的睡眠；睡觉时，被子不宜盖得太厚，防止宝宝踢被子，头不要捂在被子里面；室内空气要保持清新，坚持开窗换气。必要时，每天可以安排1～2小时的午睡时间。

一般说来，体弱的宝宝多数爱静不好动，因此每天要保证宝宝2～3小时户外活动时间。天冷时活动前，先摩擦宝宝的面部和双手，使皮肤有个缓冲的适应过程。活动时，做到动静交替，活动量由小增大，循序渐进。为增加体弱儿童的运动兴趣，可以让宝宝和同龄小伙伴一起玩，增加其活动的积极性。

第226~227天 如何防止宝宝秋季上火

秋季天气干燥，小儿体内水分流失较多，加之小儿脾胃功能尚不健全，而生长发育迅速，所需的营养较多，加之饮食不会节制，故容易伤食上火，导致口角起疱、口腔溃疡、便秘、口臭等症状。

宝宝上火的常见症状

心肺有火 起病时有热，以后口腔内出现小疱疹，破溃后成小溃疡。宝宝烦躁不安，口腔疼痛，不愿吃饭，甚至于不愿喝水。有时唇干裂，眼睛充血。

脾胃有火 腹部胀饱不适，嗳气反胃，进食减少，口臭或有腹痛、呕吐等症状。

胃肠有火 表现大便秘结，排便困难，每隔数日解便一次。小便少而黄，混浊有味。

防止宝宝上火的方法

宝宝出生后最好给予母乳喂养并保证足够的母乳量。母乳含有低聚糖和丰富的营养，不会让宝宝上火。

吃配方奶的宝宝，奶越接近母乳越好。宝宝到了3个月后，在奶中加些奶糕，并多喂些果汁。如有便秘，可将奶粉冲稀些，同时增加糖量，每100毫升牛奶加10克糖。到了6个月后，应加入含有纤维素多的蔬菜水果类食品，可煮些胡萝卜粥、菜粥给宝宝吃。要多饮水。

自幼培养宝宝良好的进食习惯。定时排便，多选择在饭后排便较好，每日让宝宝坐马桶，即使没有大便也要坐十来分钟，以便建立起大便的条件反射。最好少用开塞露通便。

减少小儿吃零食的习惯。不吃油炸、烘烤食品。少吃炒瓜子、炒花生、五香豆等。夏季少吃冷饮。

第228~229天 宝宝为什么会手脚发凉

日常生活中经常遇到宝宝手脚发凉的现象，老年人说宝宝这是着凉了，本来妈妈已经给宝宝穿得很多了，无奈又给宝宝加了几件衣服，宝宝没多久就会出汗，真的是宝宝穿得太少了吗？还是有其他的原因？

宝宝手脚发凉是因为宝宝神经系统发育不完善，导致血液循环功能很不好，血液循环主要集中在头部和躯干，而流向四肢的血液很少，手和脚因为血液循环不好，就会引起宝宝手脚发凉的现象。宝宝的体温一般以腋窝下测量5分钟为准，只要宝宝腋下体温正常，宝宝就没事。

有的妈妈看到宝宝的手脚发凉，就给宝宝包裹起来，怕宝宝再受凉，殊不知妈妈这样做会使宝宝体内热量不能及时地散失，宝宝体温越来越高，就会出现发热、高烧，妈妈就这样把宝宝捂病了。

妈妈遇到宝宝手脚发凉时，一定要看宝宝的手脚是真凉还是假凉，妈妈可以用手摸宝宝颈部皮肤，也可以用嘴唇亲宝宝的额头，感觉温度与嘴唇一致就说明宝宝没有发热。

宝宝手脚发凉时，也会出现四肢凉、躯干发热的现象，也就是假凉真热。妈妈可以用温度计测宝宝腋下的温度，来判断宝宝的发热程度，若发热较高超过了38.5℃，妈妈就要给宝宝退烧，妈妈也可采用物理降温的方法给宝宝的躯干、颈部、头部降温，宝宝的上衣可以解开，有利于散热，而不要给宝宝再多穿衣服。宝宝若是着凉了，一般会出现打喷嚏等着凉现象。宝宝腋下的温度低，妈妈应该给宝宝多穿些衣服，避免宝宝着凉了。

亲子小游戏

旋转

按下列方法转动宝宝：

1. 抱着宝宝并支撑住宝宝头部转圈。
2. 从后面抱住宝宝转圈。
3. 面对面抱着宝宝转圈。

目标：帮助宝宝感觉空间的变换，并能锻炼宝宝的平衡能力。

第230~231天 尽早发现宝宝的天赋

宝宝一生下来就有很多“天赋”，这些是不用大人教，宝宝自己就会有的，但需要大人的尽早发现，才能培养成后天的能力。

音乐

宝宝在几乎还站立不稳时就会按音乐的节奏摇晃。音乐会增加宝宝的节奏感，变得对节奏敏感。但这并不意味着孩子有特殊的音乐天赋。听音乐能使大脑得到训练。

运动

宝宝还没出生之前就已经开始运动了。在怀孕第7周胎儿就开始学习运动，2岁时，婴儿已经是运动大师，能够翻跟头和在围墙上保持身体平衡。

绘画

画画可以提高宝宝的色感。宝宝在出生后第4～8个月开始学习看东西，眼睛和大脑中的视力中心被接通，这时宝宝可以准确地观察其周围环境。不久后，婴儿就开始寻求表达方式，复述自己所看到的颜色和画画。

语言

念诗和多说话会唤起婴儿的语言兴趣，婴儿的语言能力极强。语言天赋既是天生的又是教养成的。与婴儿多说话至少会促进婴儿的语言兴趣。小孩子小时候说话多，长大后也往往很健谈。7个月的婴儿能极好地辨别声音，因为他能将发音同嘴唇的运动联系起来。家长要鼓励孩子这种咿咿呀呀的行为，及时地赞扬他。

模仿

宝宝模仿能力的发展远远早于他说话的能力。婴儿一出生就能够认人，能够模仿大人的手势，具有把手势同做鬼脸结合起来的能力等等。将满7个月的婴儿送到好的托儿所是有好处的，可让他们早些发挥互相模仿学习的本领。

思考

思考是人之本能，而非后天习得。这种能力生来就有，和感觉及运动功能一样早发生，婴儿既能触摸、看东西，又能思考。婴儿晓得固体物移动，必须不断沿一直线前进，它不能穿过另一个固体物，他还知道固体物移动时，必须是个单一的实体，把3个月大的婴儿的玩具熊收藏于毛毯下，他也很清楚玩具熊在哪儿。

第232~233天 宝宝手部灵活动作训练

俗话说：心灵手巧。小手越灵巧，宝宝就会得到越多的刺激，发现更多有趣的事物。多做手部灵活动作训练，宝宝就会变得越聪明。

拇指、食指对捏能力

训练宝宝的拇指、食指对捏能力，首先是练习捏取小的物品，如小糖豆、大米花等。在开始训练时，可以用拇指、食指扒取，以后逐渐发展至用拇指和食指相对捏起，每日可训练数次。

挥手和拱手动作

爸爸妈妈可以经常教宝宝将右手举起，并不断挥动，让宝宝学习“再见”动作。当爸爸上班要离开家时，要鼓励宝宝挥手，说“再见”。如此每天反复练习，经过一段时间，宝宝见人离开后，便会挥手表示再见。

在宝宝高兴的时候，还可以帮助他将双手对起握拳，然后不断摇动，表示谢谢，以后每次给他玩具或食物时，都会拱手表示谢谢。通过这个训练，可以扩大宝宝的交往动作和范围。

食指的技巧

宝宝还学会了独立使用食指，比如用食指伸入兜内勾取小物品，如果棉被或睡袋有破缝，宝宝甚至会勾出棉花塞入嘴里。

配合宝宝这个能力的出现，要及时给宝宝适当的指拨玩具，让宝宝的食指发挥最大的功能，比如指拨转盘、拨球滚动、按键等。小药瓶也有用，但瓶口直径要大于2厘米，防止手指伸入后拔不出来。

亲子小游戏

手指在这里

1.把宝宝放在双膝上，把你的食指放在宝宝的手里，宝宝会抓紧你的手指。

2.每次宝宝抓住你的手指，都要肯定地说："真是好宝宝！"或"你真有劲儿！"

目标：锻炼宝宝的手部力量。

第234~235天 培养良好的生活习惯

从小，就要让宝宝养成良好的生活习惯，好的生活习惯可以让宝宝生活规律，有教养，而且更聪明、懂事。

大便

7～9个月的宝宝已经坐得很好了，每天要让他自己坐便盆大小便，在坐便盆的时候不要让他吃东西，也不要让他玩，不要坐的时间太长，大小便之后就起来。

按时吃和睡

如果宝宝不能按时吃和睡，也不必着急，每到该吃的时候，就喂他吃，但不必去强迫他吃；到该睡的时候把他放到床上去睡。长时间坚持下去，就能使宝宝养成有规律的生活习惯。

独立睡眠

对于7～9个月的宝宝来说，由于需要父母频繁照顾，因此不宜分房睡。不过仍建议让宝宝单独睡在婴儿床上，而不要与父母同睡一张床。否则大人和宝宝都无法得到充分的休息，宝宝也会逐渐养成依赖性格。

做好入睡准备

妈妈可以在宝宝清醒时给宝宝换上新的尿布，盖好被子，或者在睡前拥抱宝宝，放一段摇篮曲等，这样有助于让宝宝进入睡眠状态，但这些都要在宝宝入睡前进行。

不能带着玩具上床

宝宝一旦养成了某种习惯，就会持续很多年，再大一点时，他可能会把更多的玩具带到床上去玩。但是在特殊的情况下，如宝宝有在睡前咬被角或吸吮手指的毛病时，可以给他一个玩具，帮助他改变坏习惯，这样做的时间不能太长，1～2周即可。

当好的习惯养成后一定要坚持，规律成自然，不能半途而废。

第236~237天 预防宝宝呼吸道传染病

宝宝由于发育不健全，体温调节功能差，对寒冷气候的适应能力差，所以在冬季常易患流感、流行性腮腺炎、麻疹、百日咳等呼吸道传染病。这些传染病的早期酷似感冒，极易被误诊，如治疗不及时，很容易发展为肺炎。

宝宝一旦患了呼吸道传染病，再并发感染上肺炎，就会增加治愈的难度，出现呼吸急促、鼻翼扇动、喘憋、烦躁等症状，严重的可出现抽搐、昏迷，甚至危及生命。那么，在冬季该怎样预防宝宝患呼吸道传染病及肺炎呢？

首先，要加强体格锻炼，注意增加营养，让宝宝多在户外活动，常晒太阳，呼吸新鲜空气，以增强身体的抵抗能力和对寒冷气候的适应能力。

其次，在疾病流行期间，不要带宝宝去人员密集的公共场所，外出时要戴口罩，以减少被传染的机会。在家时要应注意室内通风，定期用食醋熏蒸消毒。此外，应适时接种流感、麻疹等疫苗，提高宝宝的免疫力。

宝宝患了呼吸道传染病时应及时去医院诊治。在家要加强护理，室内空气要新鲜，不要在小儿居室内吸烟，室温最好保持在18℃～20℃之间，相对湿度55%，空气过于干燥刺激气管黏膜，加重咳嗽和呼吸困难。

室内要保持安静，保证小儿睡眠。家长要遵医嘱按时给孩子用药。鼻腔及咽喉分泌物过多时要及时清除，并随时密切观察孩子的病情变化，一旦出现口唇发紫、出汗、四肢发凉等症状，要及时请医生处理。

育儿箴言

如果大人真的想要帮助正在走路的小孩，就必须放弃自己的步伐及预定的目的地。

第238~239天 该不该给宝宝吃强化食品

强化食品就是将一种营养素或几种营养素添加到食品中，如各种矿物质、维生素、氨基酸等营养素，这些营养素也叫强化剂，所以称为“强化食品”。

营养缺乏才吃强化食品

是否给孩子吃强化食品，应根据孩子的具体情况而定。其实，给婴幼儿吃大自然提供的食物是最好的，这些食物包括粮食类、畜、禽类的肉与内脏，鱼、蛋类、奶类、蔬菜及水果等。如果做到了食物品种多样化，保质保量，加上不挑食、不偏食，孩子完全可以均衡地获得机体所需要的各种营养物质，不必选择强化食品。从另一方面讲，如果孩子存在食欲不振、消化不良、特殊营养物质缺乏等问题，就应该适当选择一些合适的产品。

选择强化食品有讲究

一般来说，选购强化食品应该注意以下几个方面：

1.应该对孩子的问题有正确的认识，然后有目的地补充孩子所需要的营养。如果孩子偏食、挑食或膳食中某种或几种营养素供给不足或缺乏时，除增加富有该种营养素的食品外，还可以采用添加该种营养素的食品，如B族维生素强化的面粉、面包等。孩子究竟缺乏哪种营养，应经过医生检查、确诊，然后再选用相应的强化食品。

2.各种养分的补充比例必须合理，不能偏补或过补。食物中各种营养素之间有着复杂的关系，如铁的摄入量过多会加快维生素E的氧化，过多钙的摄入会影响锌的吸收，因此原则上小儿要吃平衡膳食。小儿若因生长迅速而缺乏钙质，则可选用强化钙的饼干、面包、代乳粉等。有些维生素及矿物质如供应过量，不仅对小儿无益，反而有损其身体健康。

3.正确食用强化食品也非常重要，多数强化食品包装上都有详细的用量、用法介绍，给孩子喂食前应该仔细阅读说明，同时还应注意强化食品必须与正常食物搭配，并根据孩子的情况，逐渐过渡到普通食物，以免矫枉过正。

4.选购的强化食品必须质量合格，符合卫生标准。购买强化食品一定要去正规商场，并购买在保质期内的食品。购买前最好咨询一下专业人员。

育儿箴言

教导孩子的主要技巧，是把孩子应该做的事变成一种游戏。

第240天

第8个月智能发育测试

分类	项目	测评方法	通过标准
大动作	会自己匍行	宝宝俯卧，前面用玩具逗引，鼓励其匍行	会以手、腹为支点向前匍行
	会自己起坐、躺下	宝宝仰卧，鼓励其坐起再躺下	能自己从仰卧变俯卧，再变成坐位，并会自己躺下
	用一条腿支持体重想走	让宝宝靠栏边站立，前面用玩具逗引	抬起一只脚，用一条腿支持体重想走
精细动作	用两块积木在手中对击	让宝宝一手拿一块积木，大人示范将积木对击	能把两手合到中间，用一只手中的积木，明确击中另一只手中的积木2次以上
	用拇指食指对捏米花	宝宝坐在桌旁，将爆米花放在桌上，鼓励其捏取	能用拇指和食指对捏起米花
认知能力	会认新物品（用手指）	说出宝宝周围熟悉的物品或其身体部位，鼓励其指出来	能听名称指出相应的物品或身体部位
言语	懂得语意、模仿动作或声音	和宝宝做游戏时，鼓励他模仿大人的动作或声音，如“碰碰头”、点头、“谢谢”或咳嗽弄舌等声音	会模仿动作或声音
情绪与社会行为	会推掉自己不要的东西	在宝宝面前出示两物，故意将其不要的东西给他，观察反应	会用手推掉自己不要的东西
	注意观察大人的行动	大人在宝宝面前做事时，观察其是否注意观看	会注视大人的行动

说明：以上智能发育测试是本阶段宝宝的平均水平。由于宝宝成长发育存在个体差异性，所以，如果您的宝宝某些项目没有达到要求，请不用担心，您只需在以后多加关注和训练即可。

第9个月
努力站起来

“mama”，当宝宝发出这一声呼唤，幸福瞬间把你淹没，你就像个孩子，也成为了世上最幸福的人。

他的声音那么稚嫩，你一听到就会流下泪水；他的眼神那么天真，仿佛盛满了全世界的单纯。

索引 本月内容 分类查阅

第241天 第9个月宝宝发育指标

生理指标

满9个月时，男婴体重8.2～10.2千克，身长69.7～75.0厘米。女婴体重7.6～9.5千克，身长67.7～73.2厘米。平均长牙2～4颗。

养育要点

1.母乳喂养的婴儿白天尽量喂鲜牛奶或奶粉代替母乳，早晨起床后和晚上临睡前以及半夜醒来时可喂母乳。

2.不必给宝宝喂果汁了，可直接喂西红柿、橘子、香蕉等水果。

3.可喂酥脆的点心、饼干、蛋糕等，不要喂糖块，这是很危险的。

4.本月锻炼的目的仍然是让宝宝学站，让能站立的婴儿学会迈步。

5.每天最好让宝宝有三个小时以上的时间在户外度过。

6.激发宝宝探索周围环境的兴趣，如捉迷藏游戏就是很好的活动。

7.培养良好的生活习惯，练习用便盆，养成入睡、讲卫生的好习惯，训练宝宝自己动手吃饭。

8.鼓励宝宝模仿大人发音，与大人愉快交流。

9.训练宝宝的自我控制能力，让宝宝按照大人的口令行事。

发育指标

1.扶物站立，双脚横向跨步；拇指和食指能捏起细小的东西；会配合穿衣；会随着音乐有节奏地摇晃；会做3～4种表示语言的动作。

2.认识五官；能听懂自己的名字；能用简单的语言回答问题；知道大人谈论自己，懂得害羞。

提示

1.体重过重的婴儿不要站立太久。

2.坠落、烫伤、吞食异物是这个月婴儿需要防止的主要事故。

体重：________千克　　身长：________厘米

头围：________厘米　　胸围：________厘米

身体情况：

预防接种：第2针流脑疫苗。

第242~243天 增强宝宝的视听能力

爸妈可以带宝宝走出家门看绿树蓝天、鲜花青草、来往人群、车辆等等，促进他视听能力的发展，同时又可以培养他初步的观察能力。此外，可通过以下方法培养宝宝的视听能力。

让宝宝看电视

宝宝看电视时，爸妈可选择一些画面稳定、优美的镜头给宝宝看。在看电视的同时，可以与宝宝进行语言交流，并告诉他画面上事物的名称与大概的意思。

但在宝宝看电视时还应注意几点：看电视的时间不要过长，每天看5～10分钟为宜；宝宝距离电视不能太近，一般要在2～3米为宜；画面要优美，变化不能过快，音量不要过高或过低。

通过让宝宝看电视，可以将视觉、听觉协调统一起来，给宝宝良好的视听环境。此外，还可以让宝宝习惯体验新奇的刺激。

讲故事、念儿歌、听音乐

培养宝宝的视听能力，爸妈还可以讲一些适合宝宝听的小故事，最好是结合宝宝的环境，自编一些短小动听的故事。

此外，可以念一些儿歌，如：

小白兔，白又白，两只耳朵竖起来，爱吃萝卜爱吃菜，蹦蹦跳跳真可爱。

虫虫飞，虫虫飞，飞到南山喝露水，露水喝不到，回来吃青草。

给宝宝放儿童歌曲或音乐也不错，能培养宝宝的兴趣很乐感。

通过形式多样的方法，训练宝宝的听觉，培养注意力和愉快情绪，提高对语言的理解能力。

第244~245天 训练宝宝扶物站立

站立动作的出现，需要婴儿腰部、下肢骨骼和肌肉组织发育完善。6个月龄后，下肢有了一定的支撑能力就可以有意识地锻炼宝宝扶持站立。

满8个月以后，稍加扶持，宝宝就能越来越久的独自站立，在8～9个月龄有意识地进行扶持站立练习，能起到立竿见影的效果，因为宝宝不仅能站得越来越久，而且很快就能自己扶持着婴儿床围栏、家具边缘等物体，小心翼翼的独自站立起来，扶站对于今后独立学步也具备重要作用。

人类远古的祖先在进化的过程中，站立对于人类大脑发育的促进、四肢的分工协作和解放，意义非同寻常，因此，对于发育中的宝宝来说，扶持站立的意义也是可想而知的。

扶持站立的最初训练，可以从6～7个月龄时开始，由成年人扶着婴儿的腋下，使婴儿的两条腿伸直，站立在床上。开始练习时间不宜太长，也可以把宝宝轻轻地举起来，使脚离开床面，然后再放下，帮助婴儿反复地做跳跃动作，这样做有利于激发宝宝的快乐情绪，也有利于锻炼腿脚的支撑能力。

到7个月龄后，可以训练扶手站立，扶着宝宝的双手，使宝宝站在床上。到8个月后，只需要扶着一只手，宝宝就能站立了。

扶持站立的过程，可以从开始的紧紧扶抓到逐渐放松，让婴儿自己体会直立和平衡的感觉。

宝宝能够站稳以后，每次站立的时间可以由短到长，然后从扶持站立，变为让宝宝自己扶着栏杆站立。

到了9个月的婴儿，就逐渐能扶站得很稳当。到了10个月时，站立训练就可以进入独自站立阶段。

随着婴儿动作能力的进一步发展完善，会逐步形成不需要成年人扶持自由地从坐位站立起来，再由站立位自主完成蹲下、坐下的动作能力。

等到宝宝具备双腿稳定站立的能力以后，可以再接着训练只用一条腿支撑全身重量的能力，即做“金鸡独立”的模仿动作，把双手向前方展开，用一条腿支撑身体，站立片刻。

亲子小游戏

咕噜滚一滚

1.让宝宝趴着，并滚动球，使宝宝的视线跟着球移动。

2.把球滚到宝宝的旁边。

3.宝宝也会跟着球回头。

4.在宝宝可以抓到球的范围内，慢慢地滚动球。

目标：锻炼宝宝的视觉，培养其注意力。

第246~247天 怎样教宝宝认识五官

宝宝长到9个月后，已能够认识自己的身体部位，并且对自己的五官：眼睛、耳朵、鼻子、嘴巴等认识得很清楚，并且能够指出来，这说明宝宝的认知能力已攀上了一个新台阶，爸妈应多注意培养。

用亲子游戏教宝宝认识五官很好玩。妈妈先将自己的脸贴近宝宝的脸，然后用手握住宝宝的手抚摸脸上的各个部位。摸到哪个器官，就轻轻告诉宝宝器官名称。比如，摸到鼻子，就说这是鼻子。熟悉后可以加上定语：这是妈妈的鼻子。

妈妈还可以对宝宝说：“听听我的声音，认认我是谁？我是妈妈。”

然后，妈妈再拿着宝宝的手放在他自己的脸上，仿照刚才的说法，念出宝宝各部分的器官名称：“摸摸宝宝的眼睛，这是宝宝的眼睛；摸摸宝宝的鼻子，这是宝宝的鼻子；摸摸宝宝的嘴巴……”

如此耐心地教导，使宝宝逐步能指出自己的“眼睛”“鼻子”“耳朵”“嘴巴”等各个部位。以后当宝宝听到妈妈的“指令”后，就会指出相应部位。凡能指对一个部位，就应当给予赞扬和鼓励。

但是，在做这个游戏时，妈妈的语调一定要柔和、亲切，要面带微笑地看着宝宝，引起宝宝愉悦的情感。妈妈引导宝宝触摸动作要轻缓，要给宝宝足够的感觉时间。宝宝要学习和掌握这一行为模式，往往需要3～4个月时间，爸妈要有思想准备，不能操之过急。

教宝宝学认五官，爸妈还可以拿一个玩具娃娃问宝宝："宝宝，娃娃的眼睛在哪儿？"开始时，可以拿着宝宝的手去指，待他学会就不再帮他了；也可以用镜子让宝宝学会指认五官，先让宝宝指着镜子里娃娃的眼睛、鼻子等，再对照着学认自己的，最后逐渐的不用镜子教，宝宝就能指认自己的和爸妈或其他人的五官了。

让宝宝学习指认五官，通过视、听觉和动作的训练，不但可以提高宝宝的认识能力及交流能力，还能促进手眼协调功能的发展；还能训练宝宝双眼的协调能力；还能使宝宝接受触觉的刺激，发展宝宝的感知觉。

此外，大人如果用高低音调轻声呼叫，既能给宝宝以丰富的声音刺激，又能使宝宝熟悉爸妈的声音，以促进亲子感情。

第248~249天 正确对待宝宝的依恋情感

依恋是宝宝和妈妈之间的一种情感交流的联结，宝宝与妈妈之间逐渐形成了一种强烈、持久而密切的感情联系，具体表现就是宝宝特别黏着妈妈，妈妈不在身边时，宝宝就会出现焦虑不安，育儿专家称之为"依恋"。

宝宝7个月左右，陌生人抚摸时往往会大哭。妈妈抱起宝宝后宝宝就会立刻停止哭声。宝宝听到妈妈的声音会笑，妈妈离开宝宝会哭，这种行为就是对妈妈的依恋行为。

宝宝对妈妈的依恋，是宝宝本能的一种需要，宝宝有了依恋，才能有安全感，才能得到满足。

依恋在人际关系中是一种积极的、充满情绪的状态，不同的年龄阶段，其依恋对象和方式不同，1岁以内的宝宝通过吮吸、依附、哭、微笑、咿呀咿呀等反应来建立对妈妈的依恋。

宝宝对妈妈产生依恋之后，妈妈应该重视，因为良好的依恋关系直接影响宝宝的未来性格，心理学家认为，若妈妈对宝宝十分冷淡，缺少交往，使宝宝不能对妈妈产生依恋，那么宝宝就会呆板，不信任妈妈，也不会信任他人。

宝宝对妈妈产生强烈的依恋之后，妈妈可以帮宝宝慢慢地扩大依恋的圈子，有利于宝宝将来学习和处理好人际关系。

宝宝1岁左右仍处于认生阶段，即使宝宝独自进行一些探索性活动，妈妈也要陪在身边，必要时还要抱抱宝宝以示安慰。

依恋期的宝宝，妈妈需要正确地引导和鼓励，宝宝依恋会健康发展，避免产生焦虑症。

亲子小游戏

声音的高低起伏

1.妈妈以高的声音、低的声音及特别的声音唱歌。

2.随着声音的高低做出各种表情。

3.观察宝宝的反应。

4.随着声音的高低起伏，宝宝的表情也会有些细微的变化。

目标：扩大宝宝的听觉音域。

第250~251天 宝宝的补钙食物大盘点

宝宝生长快，再加上长牙需要大量的钙，所以，妈妈该给宝宝吃一些含钙高的食物，同时也要让宝宝多晒太阳，这样对预防佝偻病十分有效。

妈妈在选择含钙高的食品时要注意，一定要选择易溶于水的高钙食物，这样便于宝宝胃肠道吸收。下面是易溶于水、易吸收、含钙高的食物。

乳制品 牛奶、配方奶、酸奶等。每100毫升牛奶含120毫克钙。

海产品 虾皮、海带、紫菜、小鱼干、鱼松等。每10克虾皮或海带中就含120毫克钙。妈妈要注意，有的小宝宝会对海产品过敏。

蔬菜类 小白菜、油菜、芹菜、胡萝卜、香菜等含钙比较多。

骨头汤 给宝宝喝骨头汤时，骨头中的钙不容易被宝宝吸收。所以妈妈在给宝宝煲骨头汤时，应该将骨头敲碎，然后加上适量的醋，让骨头中的钙溶于水后，这样，宝宝喝汤时才能更好地吸收。

菌菇类 黑木耳、香菇等。

干果类 花生、芝麻、南瓜子、西瓜子等干果，用搅拌机打成粉给宝宝吃一点。

妈妈给宝宝做含钙高的食物时，不要和含有草酸多的食物一起烹饪，这样钙会和草酸结合成草酸钙，不利于宝宝钙的吸收。例如，菠菜含有大量的草酸，不宜和含钙高的食物一起烹饪。

第252~253天 可以在家养小宠物吗

爸妈往往会用动物图片教宝宝认识动物。看到宝宝很喜欢小动物，爸妈可以让宝宝接触小动物吗？会不会危害到宝宝的健康呢？

9个月的宝宝太小，没有太强的自我意识，对自然界的花花草草、小动物充满了好奇，妈妈不要看宝宝喜欢就买回家，而要看宝宝自身的生长环境。

小鸡、小鸭 若家里照顾宝宝的人比较多，房子有露天的阳光室或有自家的小院子，在不污染宝宝的居住环境的情况下，可以考虑给宝宝买一只小鸡或者小鸭，平时多让宝宝看看。若家里妈妈照顾宝宝都够忙了，又污染宝宝的居住环境，这样就不要买了。

小猫、小狗 宝宝太小，妈妈最好不要养这类小动物，因为这类小动物如果训练不好会有很强的攻击性，容易伤到宝宝。

金鱼 妈妈可以给宝宝买几条金鱼，干净又好打理，宝宝平时可以看鱼儿游来游去。

若宝宝很喜欢用手抓金鱼，妈妈就要注意了，宝宝抓鱼时妈妈一定要给宝宝洗手，或妈妈给宝宝买一个小网筛，教宝宝学习用网筛捞鱼。妈妈也可以用一个塑料盆盛鱼，不要使用鱼缸，因为宝宝很容易将鱼缸碰到地上摔碎。

第254~255天 不要给宝宝抠耳朵

宝宝耳朵里有耳屎，妈妈往往就想给宝宝抠耳朵。这样很危险，可能就会损伤宝宝的耳朵。妈妈不要随便给宝宝抠耳朵。

宝宝耳道较小，容易堆积耳垢。宝宝皮肤娇嫩，妈妈用耳勺给宝宝抠耳朵很危险。

宝宝的耳垢一般不用清除，会通过咀嚼食物或张口等动作自行排出，即使有少量的残留也没必要都弄干净。剩下的耳屎会和新流出的耳屎粘在一起，慢慢自行排出。

妈妈给宝宝抠耳朵时，方法不当容易将耳屎推到耳道深处，压迫到耳膜，从而引起耳痛或头晕现象。耳勺操作不当，很容易损伤到宝宝的外耳道，出现感染、发炎或溃烂的现象。耳勺若抠得比较深或者宝宝突然动一下，可能会伤到宝宝的骨膜或听小骨，造成骨膜穿孔。

妈妈若经常给宝宝抠耳朵，还会给耳道造成慢性损伤，若抠耳勺没有消毒或棉签棒不卫生，还会引起中耳炎。

妈妈一般不熟悉耳道结构，若妈妈用力过大，很容易刺破耳膜，病菌很容易从外耳腔进入中耳腔，耳道会流脓，影响宝宝听力，有的甚至穿孔。

第256~257天 勤给宝宝洗洗脚

现在宝宝的活动量越来越大，爱出汗的宝宝脚上也会潮乎乎的。若不及时给宝宝洗脚、泡脚，脚趾缝很容易滋生细菌，不利于脚部血液循环。洗脚看似小事，但却蕴涵着养生之道。怎样给宝宝洗脚更有利于健康呢?

洗脚的水

热水好还是温水好呢？为了保健，应给选择水温为38℃～40℃的温水。如果是为了治脚病，则应根据病情选择温度高一些。

洗脚的方法

时间 5～8分钟即可。

泡 妈妈先让宝宝的双脚完全泡在温水中，也就是水漫过脚面，宝宝的小脚丫在水里不动，温水会刺激宝宝脚部血管和触觉神经，使脚部皮肤因血流较快而变红，宝宝会感觉更舒服。

搓 会爬行的宝宝每天新陈代谢较快，脱落的表皮细胞和灰尘使宝宝脚趾缝和脚后跟很脏，妈妈可以用手轻轻地将宝宝脚上的脏东西搓掉，先脚趾缝由上至下，再脚掌以及脚后跟。

妈妈若感觉宝宝的脚很脏，可以再用温水冲一遍宝宝的小脚丫。

按摩 宝宝的小脚洗干净后，妈妈可以用擦脚布擦干，把宝宝放在床上，妈妈用双手在宝宝的脚心、脚背轻轻地按摩，然后再用手轻轻向外拉每一个小脚趾头，重复3遍即可。

第258~259天 宝宝每天需要多少水

水在人体中占有很大比重，它对食物的消化吸收、血液循环、新陈代谢以及体温的维持等方面，都发挥着重要的作用，可以说，没有水就没有生命。所以，小儿每天都应喝大量的白开水，以满足身体的需要。

水对宝宝的身体健康和成长发育十分重要，因为水是构成人体组织细胞的主要成分，宝宝的皮肤脂肪比较薄，新陈代谢比较快，每天需要补充一些水。

1岁以内的宝宝每天每千克体重需要120～150毫升水，宝宝除去喝奶、果汁等食物所摄入水的量，剩余的就是宝宝需要补充的喝水量。1～3岁的宝宝每天每千克体重需要100～140毫升水。

0～3岁宝宝每日需水量

月龄	每千克体重需水量(毫升)	男孩		女孩	
		平均体重(千克)	每日需水量(毫升)	平均体重(千克)	每日需水量(毫升）
出生时	120～150	3.3	396～495	3.2	384～480
1个月	120～150	4.3	516～645	4.0	480～600
2个月	120～150	5.2	624～780	4.7	564～705
3个月	120～150	6.0	720～900	5.4	648～810
4个月	120～150	6.7	804～1005	6.5	780～975
5个月	120～150	7.3	876～1095	6.7	804～1005
6个月	120～150	7.8	936～1170	7.2	864～1080
7个月	120～150	8.3	996～1245	7.7	924～l155
8个月	120～150	8.8	1056～1320	8.2	984～1260
9个月	120～150	9.2	1104～1380	8.6	1032～1290
10个月	120～150	9.5	1140～1425	8.9	1068～1335
11个月	120～150	9.9	1188～1485	9.2	1104～1380
1～3岁	100～140	10.2～16.5	1275～2065	9.5～15.8	1187～1975

第260~261天 如何培养宝宝的自信心

要培养宝宝的自信心时，就表示父母已经懂得给予宝宝更多适当的自主权。通过宝宝的自行操作，他可以获得解决问题的能力和成功的喜悦，从而提高宝宝的自信心。可以从以下几个方面培养宝宝的自信心。

多鼓励宝宝

当宝宝做错事情时，千万不要责备或嘲笑，可先以合适的方式教导他，并且换个时间让他再做一次。当宝宝有良好表现时，父母要立刻给予赞美和鼓励，真诚地赞美是提升宝宝自信的最佳方式。

让宝宝感觉被需要

对于宝宝能够完成的事，尽可能地放手交给他去做，如让宝宝把玩具收好等。让宝宝知道他是被需要的，这是一个提高自信心的绝佳方法。

让宝宝多爬

让宝宝多多爬行，除了在生理上可以帮助其建立良好的坐姿外，在心理层面也有很多好处。因为爬行能够让宝宝自主移动，想去哪儿就去哪儿，既可以从不同的角度去认识世界，也可以培养其自我肯定的信念。

如果能从小让宝宝多经历一些事情，那么不但能提升其抗压能力，也能从解决问题中更好地提升其自信心。

第262~263天 训练宝宝的语言能力

这个时期的孩子已经能够喃喃发音，这时，要多和孩子说话、交谈。让孩子观察说话时的不同口形，为以后说话打下基础。

开始冒话

孩子生后半年开始“打打”、“爸爸”地学说话。在双手活动中、多次感知下，将事物或动作与相应的词语建立了联系。特别明显的连续重复音节，喜欢发出各种声音，音节比较清楚。当他喊出“爸爸”时，爸爸听了很高兴，说孩子会叫爸爸了。其实他不是叫爸爸，他嘴里发出的音节还不代表什么意义。高兴时还可喊出一连串的音节，如“杰杰”、“妈妈”，听起来像在说话，但不知说什么。

模仿发音

七八个月模仿发音，正如鹦鹉学舌，一会儿爸爸，一会儿哥哥……无所指地乱说。有时连续几天发同一字音，不管什么东西，他都用这个音来代替，如说出“舅舅”。指火柴，椅子都说是“舅舅”。小婴儿的发音器官某些部位不易调节，难发的语音还不易模仿。

接近周岁时，更喜欢自己叨叨话，学成人读书的样子，咿咿呀呀说个不停，拉长声音，好像说话，又像唱歌，说得兴致勃勃。别人却一句也听不明白。爸爸妈妈应该为他高兴，要好好表扬鼓励。

理解词义

在大人的教育下，婴儿逐渐学会把一定的语音和某个具体事物联系起来。比如，你问他灯在哪呢？他用手指着灯，问他的鼻子、眼睛、嘴都在哪，一样一样都指得准确。实验证明，5个月可听到“再见”一词做摆手动作，10个月听说“欢迎”一词可做鼓掌动作。

教小儿把动作和相应的词联系起来，可以教他拍手“欢迎”、点头“谢谢”等。训练他按照家长的话做出相应的动作，加深对语言的理解。真正把词与该事物联系起来，要一个很长的过程，有待多次训练，反复把词与物联系起来，才能形成牢固的神经联系。

先懂后说

孩子说话的规律是先听懂，然后才会说。周岁以前，听懂的词很多，会说得很少，想说说不出来。这时正是需要掌握语言的阶段，要成人多多同他交谈。

亲子小游戏

抬起来

1.轻轻抬起宝宝的一条腿说：抬起来，抬起来，一、二，放下(把宝宝的腿放下来)。

2.换另一条腿再重复一遍。

3.换成手臂。

4.同时举起两条腿试试。

5.再试试同时举起两只手臂。

目标：锻炼宝宝的手臂和腿，有助于发展肌肉和动作的协调性。

第264~265天 让宝宝学会分享

相信每个妈妈都希望自己的宝宝长大后是一个懂得与人分享，会关心别人的人，所以一定要从小开始培养宝宝学会分享的好习惯。当宝宝陷入争抢玩具的旋涡，妈妈要做的首先不是训斥宝宝如何学习分享，而是以适当的方式介入，以免宝宝互相伤害。

赞扬宝宝的分享行为

在宝宝与别人分享了自己的东西后，父母可以通过口头表扬、赞许的表情、动作（如竖大拇指、亲吻）等予以肯定和巩固。

生活中言传身教

父母的言传身教具有更为重要的榜样作用，可潜移默化地让宝宝感受分享的乐趣。

宝宝的模仿能力很强，父母经常做的事，宝宝都会学着做。

作为父母应该有意在宝宝面前做一些示范，比如吃饭时，爸爸给妈妈夹菜。慢慢的宝宝把这种分享当做一种快乐，每当有好吃的时候，他总是先递给妈妈，再给爸爸，最后才是给自己吃。

不要拒绝宝宝的友好

当宝宝有什么东西与父母分享时，即使父母不想吃或不感兴趣也要欣然接受，并谢谢宝宝。

因为当宝宝看到父母把东西吃下或接受了，并说他很乖的时候，他会非常高兴。

如果父母拒绝了他，他会认为父母不喜欢，以后就不会再给了，慢慢的，他就会变得自私起来。

让宝宝理解分享的意义

父母可以跟宝宝说一些“你现在给别人玩具玩，别人以后也会给你玩具玩”，“每个人都把自己的东西拿出来给别人玩，原来每个人只有一个玩具，现在就可以有很多玩具玩了”之类的话来教导宝宝。

第266~267天 突发幼儿急疹的护理

幼儿急疹是婴幼儿的一种常见病，大多数宝宝在2岁以内都患过这种病，发病的特点是宝宝突然高烧，体温可以达到39℃～40℃之间，退热后全身会出现粉红色斑点样皮疹。

突发幼儿急疹的症状

发病初期体温达到38℃～39℃，宝宝的精神状态良好，食欲正常，没有咳嗽、流鼻涕，大便不稀。

第2天宝宝的体温仍在39℃左右，宝宝吃过退烧药之后，30分钟左右退烧了，5个小时左右宝宝又发烧了，持续高热。发热时能摸到颈部淋巴结如黄豆粒大小。

第3天宝宝的体温持续达到39℃～40℃，3～4天之间宝宝的胸部、背部就会出现红色的斑疹，晚上就会波及脖子、脸部和手脚，同时宝宝体温开始下降。

宝宝退热后，疹子会在24小时内出完，2～3天疹子退去，没有色素沉着，没有皮屑。

有的宝宝还伴有腹泻。宝宝血象检查结果白细胞总数偏低，分类淋巴细胞增高。

突发幼儿急疹的护理

让宝宝多休息，室内空气要新鲜，妈妈不要给宝宝穿得太多，裹得太厚，不利于宝宝散热。

妈妈多喂宝宝一些温开水、蔬菜汁或果汁，有利于排汗和排尿。

如宝宝体温在38.5℃以下，妈妈要给宝宝物理降温，用温毛巾擦宝宝颈部、腋下、手心、脚心，避免高热惊厥，同时也可以给宝宝头部使用退热贴或冰袋，但注意不要让宝宝着凉。宝宝体温在38.5℃以上妈妈要给宝宝吃退烧药。

让宝宝多吃些流质或半流质的食物。

幼儿急疹没有什么特效药，宝宝使用抗生素无效，一生感染两次极为罕见。

第268~269天 小儿佝偻病的防治

伛偻病是一种小儿常见病，因体内维生素D不足引起全身性钙磷代谢失常和骨骼改变。

维生素D的来源有两个，一是内源性，由日光中的紫外线照射皮肤，在体内生成维生素D_3；另一是外源性，摄入含维生素D的食物或服用维生素D制剂。

我国儿童户外活动时间少，日光照射严重不足。特别是北方寒冷地区，日照时间短；因为大气污染，紫外线被空气中的尘埃、烟雾遮挡，所以佝偻病的发病率较高。

婴儿膳食中维生素D的含量少，如谷食、蔬菜、水果中所含极少，牛乳、蛋黄中所含维生素D满足不了生长发育的需要。

在发病早期，患儿骨骼变化不明显，常有精神症状，如易被激惹、烦躁不安、夜惊、多汗等。病情发展，可见肌肉和肌腱松弛、腹部膨隆、脊柱弯曲、枕秃。重症佝偻病，可有肝脾肿大、贫血。

患儿囟门加大，出牙迟、颅缝加宽，重者颅骨可出现乒乓球感，用手按压时稍凹陷，肋骨筋部膨大，称为串珠。四肢各处骺部均显膨大，尤以腕部的尺桡骨远端，称为佝偻病手镯。学走步前后，由于骨质软化，可出现“O”型腿，会走的小儿发生佝偻病，可出现“X”型腿。

对儿童要加强喂养和护理，加强户外活动，使孩子多呼吸新鲜空气，吸收紫外线。可每天按医嘱服用钙剂预防佝偻病的发生。

对轻症患儿，可口服维生素D制剂，包括浓缩鱼肝油制剂。夏季可酌情减量。重症患者，要加大药量，同时治疗消化不良、肺炎或其他感染性疾病。如果条件允许，可注射维生素D_2或维生素D_3代替口服。经过1个月之后X光检查及血液生化检查，再由医生酌定药量。使用维生素D要遵医嘱，以免造成维生素D中毒。

育儿箴言

新式教育理论中的中心思想之一，正是呼吁人们重视孩子社会本领的培养，并且鼓励孩子与同伴相处。

第270天 第9个月智能发育测试

分类	项目	测评方法	通过标准
大动作	扶双手走步	将宝宝立于地面，扶住双手	能迈3步以上
	双手扶栏站起	鼓励其迈步 宝宝坐在床上，将一玩具放在床栏上，鼓励宝宝扶栏站起来	能自己扶栏站起直立半分钟
精细动作	开抽屉取玩具	当着宝宝的面将玩具放在抽屉里（抽屉仅放一玩具便于开关）先示范取出	再鼓励其取出能打开抽屉取到玩具
认知能力	会认新物品（用手指）	让宝宝听名称指出相应物品或自己身体的部位	能听名称指出
言语	招手“再见”	大人说“再见”时招手，让宝宝模仿动作	会招手表示“再见”
	招手“欢迎”	大人说“欢迎”时招手，让宝宝模仿动作	会招手表示“欢迎”
情绪与社会行为	听到表扬会重复动作	宝宝模仿大人动作时，及时用言语、表情喝彩	听到表扬重复刚做的动作

说明：以上智能发育测试是本阶段宝宝的平均水平。由于宝宝成长发育存在个体差异性，所以，如果您的宝宝某些项目没有达到要求，请不用担心，您只需在以后多加关注和训练即可。

第10个月 自我意识萌发

有时，你会迟迟不肯睡去，或者，刚睡下就期待快点醒来，只为看看他，你的宝贝。

每天醒来看到宝宝，仿佛全世界的花都盛开，那芳香沁人心脾。

即使在没有阳光的日子里，你依然欣喜，宝宝的笑容，足以驱走全部的阴霾，带给你想要的光芒。

索引 本月内容 分类查阅

第271天 第10个月宝宝发育指标

生理指标

满10个月时，男婴体重8.6～10.6千克，身长71.0～76.3厘米。女婴体重7.9～9.9千克，身长69.0～74.5厘米。平均长牙4～6颗。

养育要点

1.即使母乳充足，每天也要给宝宝吃两顿辅食，白天喝鲜牛奶。

2.宝宝能吃各种饼干、年糕片、蛋糕、薄饼，品尝点心也是宝宝生活的乐趣之一，要给宝宝吃一些点心，最好定时。

3.训练宝宝的自我服务技能，培养宝宝的独立性。鼓励宝宝自己拿奶瓶、自己坐便盆大小便、自己去拿玩具等。

4.提供适宜的玩具，这个月的婴儿开始学习走路，挑选能发声的拖拉玩具较好。

5.创造良好的语言环境，在照顾婴儿生活、玩游戏时都要伴随语言。多为宝宝唱儿歌、童谣。

6.让宝宝多爬，训练宝宝走路。

7.选择天气好的时候，尽量多带宝宝到室外活动。

发育指标

1.会叫妈妈、爸爸；认识常见的人和物；主动亲近小朋友。

2.能够独自站立片刻；能迅速爬行；大人牵着手会走。

3.喜欢被表扬；主动地用动作表示语言。

提示

1.这个月中，婴儿除母乳外，只吃一些稀粥就会营养不足。

2.不要给超重婴儿过多的点心，也不适宜给婴儿吃香蕉。

3.把宝宝放在学步车里时，也要有大人在旁边。

体重：________千克　　身长：________厘米

头围：________厘米　　胸围：________厘米

身体情况：

预防接种：无计划免疫疫苗。

第272~273天 让宝宝拥有自我空间

宝宝需要爸爸妈妈夜以继日地关怀和照顾，但有时也需要一些自我空间。在不被干扰的情况下，不仅宝宝能更好地发展出自己的特质，妈妈也能更好地观察宝宝的兴趣与发掘宝宝的能力。

让宝宝独处的好处

当宝宝独处时，他会跟着自己的步调去完成工作。没有大人的催促、没有额外的帮助，他可以充分经历“遇到困难——解决困难或求助”的过程，在这个过程中，宝宝有机会尝试用自己的能力解决困难，或是判断状况决定求助，而且他相信自己有能力去面对困难和解决问题。这样除了有更多专注的感觉之外，宝宝也学会经历挫折和调整心态。

如何让宝宝独处

让宝宝独处并不等于不理他。简单地说，独处是一种安静的陪伴，妈妈可以在一旁静静地看书、做家务、观察和欣赏宝宝的游戏过程等，让宝宝在不受干扰的情况下去自由探索。

亲子小游戏

荡秋千

1.边推宝宝边念诗边唱歌，这有利于促进宝宝形成韵律感以及一些重要的脑链接。

2.把宝宝放在你的腿上荡秋千，边荡边念下面这首小诗：

前前后后，前前后后。

荡啊荡啊，前前后后。

目标：训练宝宝全身的平衡能力，提高宝宝的肢体协调能力。

第274~275天 宝宝的自我意识萌发

这一时期的宝宝由于认知能力的发展和身体素质的提高，已经渐渐萌发了自我意识。

会区分出自己和周围事物

你会发现宝宝喜欢将玩具摔到地上或者将抽屉翻来覆去地打开又关上，而且对于每件东西他都会翻来覆去查看，这些都表明宝宝已经能感觉出自己周围的东西是不同的，他的自我意识在慢慢萌发。

个性倾向突显

有的宝宝很“自私”，不让别人抢走自己的玩具或食物；有的宝宝见到别人的玩具就想要，不给就哭；有的宝宝则慷慨大方，可以主动把自己的东西给别的宝宝玩；有的宝宝整天不声不响，显得十分听话；而有的宝宝则不让人碰一下，见到陌生人就哭。面对成人的逗引，不同的宝宝反应也是不同的。有的宝宝喜欢让人逗，你一逗他就手舞足蹈；而有的宝宝却不禁逗，别人一逗就哭。

独立又需要帮助

这个时期的宝宝，独立意识已经非常强，什么事都想自己做做，但经常会有自己做不到的事，所以宝宝通常会向自己亲近的人求助。

宝宝会用目光、表情和声音来表达自己的愿望和需求，宝宝的这种表现是建立在对你信任的基础之上的，他知道你会满足他的愿望。

第276~277天 解决宝宝睡眠不踏实

很多妈妈都会为同一个问题而苦恼，那就是宝宝晚上睡觉总是睡得不踏实，总会半夜醒来哭闹，这是为什么呢？下面我们就为各位妈妈列举一些可能的原因和对策。

呼吸不畅

如果有鼻屎堵塞了宝宝的鼻孔，使宝宝呼吸不畅，就容易引起宝宝睡眠不安稳，所以父母要注意这个因素，当宝宝睡不安稳时，检查一下宝宝的鼻孔，帮宝宝清理一下，他可能马上就能安稳入睡了。

温度不适

太热或太冷也可能导致宝宝睡不安稳，可适当调节一下室内的温度，调到一个让宝宝舒适的温度。

肛门外有蛲虫

肛门外有蛲虫也会影响宝宝的睡眠，如果发现有，要找医生进行积极治疗。

不好的习惯

很多妈妈以为宝宝晚上哭醒是饥饿造成的，然后就给孩子喂奶，其实这是一个不好的习惯，这样做反而会养成宝宝晚上醒了要吃奶的习惯。晚上一定要喂奶的话，要尽量保持安静。晚上喂奶或换尿布时，不要让孩子醒透，这样，当喂完奶、换完尿布后，宝宝就能踏实入睡。

缺乏微量元素

宝宝缺一些微量元素，如钙、锌等，缺钙易引起大脑及植物性神经兴奋性增强，导致宝宝晚上睡不安稳，需要补充钙和维生素D；如果缺锌，则要注意补锌。

亲子小游戏

认知室内物品

1.让孩子看图和实物，看清形状、用途、颜色，指认一件，叫出这件物体的名字，如沙发、电视机、桌子、椅子

2.要调动“重复”这个手段，加快认知过程。

目标：提高宝宝的认知能力。

第278~279天 给宝宝听音乐，培养乐感

宝宝的音乐智能需要早期培养，妈妈要在宝宝的不同时间给宝宝听不同的音乐，若妈妈能和宝宝一起听，妈妈再给宝宝解释一下这首曲子，必要时拿些图片，会增加宝宝的印象和理解，会更有利于宝宝的智力开发。

宝宝睡觉前，妈妈可以给宝宝听听熟悉的、轻柔的音乐，有利于宝宝睡眠。

宝宝练习爬行时，妈妈可以给宝宝放一些节奏欢快的音乐，让宝宝喜欢上爬行运动。

妈妈可以将宝宝欢快的笑声录下来播放给宝宝听，也可以录一些动物的叫声让宝宝模仿。

妈妈带宝宝出去玩时，可以将自然中美妙的声音录下来给宝宝听，如大海声、河水流动声、自来水声等，每天给宝宝听听。

妈妈可以给宝宝准备各种能发声的玩具，如音乐架、不倒翁、小姑娘敲敲、小铃铛等，都可以刺激宝宝听觉发育。

妈妈每天需要定时给宝宝听古典音乐，每天10～15分钟，因为这些古典音乐经过几百年的沉淀，每个音符都十分精准，有利于宝宝对音符的准确理解。妈妈可以给宝宝听舒伯特的《小夜曲》、莫扎特的《土耳其进行曲》、舒曼的《梦幻曲》、贝多芬的《G大调小步舞曲》、肖邦的《小调圆舞曲》等。

有的宝宝在学音乐时，会摆动身体或踢踢脚，带有快乐的表情，虽然与音乐节奏差距很大。妈妈不要着急，可以拉着宝宝的手，和宝宝一起晃动，宝宝慢慢地就找到感觉了。

第280~281天 如何应对宝宝磨牙

宝宝夜间磨牙一般是在熟睡后因神经反射而发生，这时口腔内没有食物，唾液分泌也少，牙齿得不到润滑，就会出现牙齿上下干磨，这样容易磨损牙齿。

宝宝为什么会磨牙

肠道寄生虫病 蛔虫产生的毒素刺激肠道，会使肠道蠕动加快，引起消化不良，脐周疼痛，睡眠不安；如果毒素刺激神经，致使神经兴奋，而导致磨牙。同样蛲虫也会分泌毒素，并引起肛门瘙痒，影响宝宝睡眠并发出磨牙声音。

精神过度紧张 不少宝宝在白天受到惊吓后或入睡前玩耍过度，精神紧张也会引起磨

牙。如果因某件事情长期受到爸妈的责骂，引起不安和焦虑，也是夜间磨牙的原因。

消化功能紊乱 宝宝晚间吃得过饱，入睡时肠道内积累了不少食物，胃肠道由于负担过重，会引起睡觉时不自主地磨牙。

营养不均衡 有些宝宝有挑食的习惯，特别是不爱吃蔬菜，形成营养不均衡，导致钙、磷、各种维生素和微量元素缺乏，引起晚间面部咀嚼肌的不自主收缩，牙齿便来回磨动。

宝宝磨牙的防治方法

若想减少宝宝磨牙，爸妈注意白天不要让小儿玩得过于疲劳、兴奋，指导他们玩得愉快又轻松，尤其在睡前1～2小时，不要进行紧张激烈的活动。另外，晚餐不要吃得过饱，有疾病时要及时治疗，大多数宝宝的磨牙现象会逐渐好转。

当宝宝把磨牙当成游戏时，不要极力阻止宝宝，更不要训斥宝宝，而要尽量转移宝宝的注意力，淡化宝宝磨牙的行为。

如果夜间磨牙一时无法纠正，还可以去医院口腔科做一个称为磨牙矫治器的塑料牙垫，晚上睡觉时戴在上下牙之间，防止牙齿磨损。

亲子小游戏

越过枕头山吧

1.请把被子、枕头、坐垫堆起来。

2.宝宝就会爬上去。

3.妈妈喊着“嘿哟！嘿哟！”来鼓励宝宝。

4.宝宝爬上去的样子很可爱啊！

5.妈妈在“枕头山”的另一边伸出脸，并与喊“哇”的游戏连接看看。

目标：使宝宝身体的平衡功能获得发展。

第282~283天 警惕宝宝营养过剩

几乎所有的父母最担心的就是孩子营养不够，长不高，长不壮，总是鼓励孩子多吃点、吃好点。每次只要孩子有什么不舒服，或者有那么一点异样，父母就担心孩子缺这缺那，然后赶快买些补品补药。目前有专家指出，营养过剩成为儿童，特别是城市儿童发病的新趋势。

宝宝的营养需要

10个月宝宝的饮食应逐渐调整为一日三奶二餐（辅食）一次水果的标准。可以选择的食物有很多，以粮食、奶、蔬菜、鱼、肉、蛋、豆腐为主的食物混合搭配，这些食物可以提供宝宝生长发育所需的营养元素。

如果此阶段宝宝体重增长过快就应该对其饮食加以控制，每天配方奶供应量不可超过1000毫升，粥也不应超过一碗（宝宝用量）。

宝宝饿时，可以用苹果等食品代替。

宝宝营养过剩的危害

家长都知道营养不良会影响宝宝的智力

发展，严重营养不良会造成智力发育迟缓。但最新的调查发现，营养过剩同样也会严重阻碍宝宝的生长。营养过剩不仅导致“肥胖儿”，更严重的情况是导致“肥胖脑”。如果脂肪在幼儿脑组织堆积过多，使宝宝大脑皮层的回变浅，脑的皱褶减少，同时神经网络的发育也差，就会使宝宝智力水平降低。

如果过多进食会使宝宝脑缺血，脑部需要的养料和氧气供给相对减少，这就会影响脑的发育，从而影响智力发育。所以，为了宝宝大脑的正常发育，父母要培养宝宝吃饭养成定时定量的习惯，不要见到好吃的东西就拼命吃。

第284~285天 什么时候断奶好

一般宝宝在9~12月可以断奶，但断奶需慢慢来，宝宝的健康成长需要各种营养物质的补充，因此，逐步添加辅食直至顺利过渡到正常进食是一个必然的过程。

什么时候断奶好

随着孩子逐渐长大，母乳所供给的各种营养成分已不能满足小儿生长发育的需要，一般在9~12个月时可以断奶，在奶制品或其他代乳品缺乏的地区，断奶可适当延迟至1岁半左右。

但断奶的月龄没有硬性规定，如果母亲奶多可多喂一段时间，一般到1岁左右断奶。母乳少，但小儿愿意同时喝牛奶或其他食品，也可多吃一段时间，如果母乳少，而小儿又不愿吃奶制品及其他食品的，则应早一点断奶，可提前到6个月就断奶了。

如何正确断奶

在断奶时机的把握上，年轻的妈妈们常常操之过急，仓促断奶，反而会造成宝宝食欲的锐减。

其实婴儿的味觉是很敏锐的，而且对饮食非常挑剔，尤其是习惯了母乳喂养的宝宝，常常拒绝其他奶类的诱惑。因此，给宝宝断奶，应尽可能顺其自然逐步减少，即便是到了断奶的年龄，也应为他创造一个慢慢适应的过程，千万不可勉为其难。

正确的方法 适当延长断奶的时间，酌情减少喂奶的次数，并逐步增加辅食的品种和数量，只要年轻的妈妈们对宝宝的喂养调整得当，相信宝宝们都能顺利通过“断奶”这一难关的。

亲子小游戏

手指的屈伸

建议：左右手都要进行。

1.大人先示范，用手指抓挠，再把孩子一只手稍举，让他进行模仿，学会后大人要表扬“好棒！好棒！”。

2.当见了别人，就鼓励他给抓挠。反复进行，大有好处。

目的：提高宝宝的模仿能力和手指灵活性。

第286~287天 多给宝宝吃蔬菜

别小瞧蔬菜，它对宝宝的生长发育作用非凡，妈妈一定要认认真真地让宝宝吃好蔬菜。可这件事情说起来简单，里面却大有学问。

蔬菜可为宝宝提供必需的营养

蔬菜是人体必需维生素和矿物质的重要来源。蔬菜和水果中含有维生素C、维生素A、维生素B_1、维生素B_2及尼克酸等。维生素C能防治坏血病，维生素A可保持视力，防止干眼病及夜盲症。

蔬菜中含有钙、铁、铜等矿物质。其中，钙是宝宝骨骼和牙齿发育的主要物质，还可防治佝偻病；铁和铜能促进血色素的合成，刺激红细胞发育，防止宝宝食欲不振、贫血，促进生长发育；矿物质可使蔬菜成为碱性食物，与五谷和肉类等酸性食物中和，具有调整人体体液酸碱平衡的作用。

蔬菜中含有丰富的纤维素。能刺激胃液分泌和肠道蠕动，增加食物与消化液的接触面积，有助于宝宝消化吸收食物，促进代谢废物排出，防止便秘。

宝宝不爱吃蔬菜怎么办

1.培养宝宝爱吃蔬菜的习惯要从添加辅食时做起。添加蔬菜辅食时可先制作成菜泥喂宝宝，比如胡萝卜泥，土豆泥。现在也有为断奶期宝宝特制的蔬菜泥产品，可以根据实际情况选用。

2.宝宝慢慢适应后，再将蔬菜切成细末，熬成菜粥，或添加到烂面条中喂给宝宝。有的蔬菜的纤维比较长，注意一定要尽量切碎。这样循序渐进，宝宝会很容易接受。

3.父母要为宝宝做榜样，带头多吃蔬菜，并表现出津津有味的样子。千万不能在宝宝面前议论自己不爱吃什么菜，什么菜不好吃之类的话题，以免对宝宝产生误导。

4.应多向宝宝讲吃蔬菜的好处和不吃蔬菜的后果，有意识地通过讲故事的形式让宝宝懂得，吃蔬菜可以使身体长得更结实、更健康。

5.不要采取强硬手段，特别是如果宝宝只对个别几样蔬菜不肯接受时，不必太勉强，可通过其他蔬菜来代替，也许过一段时间宝宝自己就会改变的。

总之，最有效的方法还是在1岁以前就让宝宝品尝到不同的蔬菜口味，为以后的饮食习惯打好基础。

育儿箴言

当我们把羁绊孩子的人为事物，以及自以为是用来教导孩子规矩的暴力放置在一旁时，我们就能够看到孩子崭新的一面。

第288~289天 宝宝便秘怎么办

一向大便规律的宝宝，从过了9个月开始，大便却困难起来，每2～3天才排1次便时，就应该考虑一下是不是给宝宝的食量不足，或者是给的食物太软了。饮食量不足时，体重增加的量也少。体重增加量平均每天在5克以下时，应努力让婴儿多吃一些。在这个月龄，与其增加牛奶的量，不如让宝宝多吃一些面包、米饭等，同时也要增加鱼和肉的量。

体重平均每天增加7～8克还便秘时，应考虑可能是由于过多地给宝宝吃了易消化的食物所致，这时要多给宝宝吃含纤维丰富的食物，如菠菜、卷心菜、圆葱等，可以煮了或切碎与鸡蛋做成软煎蛋卷给宝宝吃吃看。还可以用不易消化的食物刺激一下肠子，如将豌豆磨碎给孩子吃。

对便秘的宝宝，可以增加水果的量，如果是没喝过乳酸饮料的宝宝，可把牛奶换成乳酸饮料试一试。如果婴儿吃果酱面包，也可以抹上些杏酱和草莓酱吃。吃紫菜和裙带菜也可改善宝宝的便秘。另外，可以在清晨起床后给宝宝饮温开水1杯，可以促进肠蠕动。要注意多给宝宝饮水，最好是蜂蜜水，蜂蜜水能润肠，也有助于缓解便秘。

还有的宝宝，从出生后1～2个月开始就便秘，一直持续到现在，尽管上面所说的方法都试过了，但仍然还是2～3天才便1次，这时就要根据便秘给宝宝的日常生活带来影响的程度，来决定是否需要治疗。如果宝宝只是便稍有些硬，便的时候稍微带点血，但每隔3天就能自然便1次，除此之外，没有给宝宝的生活带来其他任何影响，就可以不管它。因为大便并不是非得每天1次不可。每隔3天便1次，也可以认为是这个宝宝的正常状态。实际上很多孩子从婴儿时期开始，就养成了每隔3天便1次的习惯，一直持续到小学而没有什么不适。

不要常给宝宝用泻药，因为它会使大肠壁习惯于药物的作用。

有的宝宝排便时，会因为痛而哭泣，并因此而产生恐惧的心理，这往往会使宝宝不想排便，对这样的孩子，可以在一定的时间内坚持灌肠，每天便1次，便就软了。适当地运动也可以对肠起到刺激的作用，不要忘记带孩子多到室外锻炼身体。

育儿箴言

从本质上来讲，儿童的爱是单纯的，他爱，是为了获得感官印象，这种印象又给他提供了生长的养料。

第290~291天 给宝宝保暖很重要

日常生活中，宝宝的保暖工作很重要，忙碌的父母有时可能会忽视给宝宝保暖的问题，那样容易让宝宝生病，下面我们为大家介绍做好宝宝保暖工作需要注意的几个方面。

洗澡时勿着凉

天冷时宝宝洗澡尽量安排在中午，室温保持在20℃以上，穿好衣服后室温还应保持一段时间，并且要把宝宝的头发用热风吹干，然后把宝宝放进热的被窝里。

少开空调

长时间开空调，空调房内和室外温差大，更易使宝宝受凉。且空调房内的空气不流通，宝宝更易受到细菌侵扰，对宝宝的健康不利。

让宝宝多运动

宝宝多运动，能促使宝宝血液循环加强，就不觉得冷了。不会走路的宝宝，可由妈妈帮助他们进行按摩四肢活动。但要注意运动时少穿一件衣服，不要运动到出汗。冬天应让宝宝到户外呼吸新鲜空气，但要注意在室外应比在室内多穿一件厚衣服。

从食物中补充热能

应给宝宝吃富含蛋白质、脂肪等高热能的食物，这样通过饮食让宝宝自身增加热能，抵御寒冷。但要少吃多餐。

平时多喂水

喝水不仅能保暖，而且还能在寒冷干燥的季节避免宝宝上火、引发口唇溃疡、便秘等。

关键部位的保暖

重点做好宝宝头、肚子和脚几个关键部位的保暖，这对于宝宝的健康来说是非常重要的，不需要全身穿得厚厚的。

不要盖得太多

天冷也不能盖得太多，因为宝宝会因为盖得太多，容易蹬被子。盖得太多，会影响呼吸，也易使宝宝烦躁，睡不安稳。

第292~293天 宝宝的动作训练

10个月宝宝动作训练

10个多月的宝宝大部分的动作仍是爬，有时扶栏站立和横走。身体很好的孩子，往往有独自站立的要求，扶着栏杆站立起来之后，会稍稍松手，以显示一下自己站立的能力。有时他能够站得很稳，甚至还会不扶任何东西自己站起来。这时，家长不要去阻止他，随他去站好了。为了训练他独自站立，家长可以先训练他从蹲到站起来，再蹲下再站起来。开始可以拉他一只手，给他一点助力。独立站立是小儿学走的前奏。

家长要训练孩子配合大人穿衣服、袜子，洗脸、洗手和擦手等动作。因为这时小儿已能够模仿大人的动作，手的动作也更加灵活。

11个月宝宝动作训练

11个月的宝宝如果已经能够扶着床栏站得很稳，就该训练他扶着床栏横着走。这是小儿跨出的第一步，必须有了这第一步，以后孩子才能够扶着床栏走来走去。开始家长可以拿着有趣的玩具在床栏的一头来引逗孩子，孩子为了拿到玩具，就会想方设法地移动自己的身体，如果失败了，家长要鼓励他，如果成功了，家长要赞扬他。

这个月还要继续训练孩子手的动作。如把小棍插进孔里，再拔出来；把玩具放在小桶里，再倒出来；两手同时拿玩具并将东西换手拿。锻炼小儿同时用两种物体做出两种动作，手眼协调一致。还应训练他学用杯子喝水。

大人可以通过游戏来训练孩子。当着孩子的面，让他眼睛看着，把玩具藏起来，然后告诉他“没了！”吸引孩子到处找，这样可以培养他追寻和探究的兴趣。

12个月宝宝动作训练

12个月的孩子如果已经站得很稳了，就该训练他跨步向前走。开始，大人可以扶着他两只手向前走，以后再扶一只手，逐渐过渡到松开手，让他独立跨步。如果孩子胆小，大人可以保护他，使他有安全感。开始练时，一定要防止孩子摔倒，以使孩子减少一些恐惧心理，等他体会到走路的愉快之后，他就会大胆迈步了。

若赶上冬季，孩子衣服不要穿得太多、太厚，以免行动起来很不方便。孩子的鞋要轻、大小要合适，训练孩子走路的地方要平坦，每次训练时间不要过长，不要让他太劳累。

第294~295天 宝宝的语言训练

10个月宝宝语言训练

10个月的宝宝已经能听懂成人的话了，应该教他模仿成人的发音。模仿语言是一个复杂的过程，小儿要看成人的嘴，模仿口形，要听发音，注意发音过程中口形的变化，协调发音器官唇、舌、声带的活动，控制发声气流等。这么多的环节，需要听觉、视觉、语音、运动系统协调，任何一个环节发育跟不上，都给发音带来困难。

家长教孩子说话时，一定要表情丰富，让孩子看清你说话时的口形、嘴的动作，加深对语言、语调的感受，区别复杂的音调，逐渐模仿成人发音。此外，还可以让孩子多听些儿童歌曲，让他们感受音乐艺术语言。

11个月宝宝语言训练

11个月的宝宝不但要教他听懂词音，而且要教他听懂词义。家长要训练孩子把一些词和常用物体联系起来，因为这时小儿虽然还不会说话，但已经会用动作来回答大人说的话了。比如，家长可以指着电视机告诉孩子说："这是电视机"。然后再问他："电视机在哪？"他就会转向电视机方向，或用手指着电视机，同时口里会发出声音。这虽然还不是语言，但对小儿发音器官是一个很好的锻炼，为模仿说话打基础。

家长还可以联系吃、喝、拿、给、尿、娃娃、皮球、小兔等跟孩子说简单词语，让他理解并把语言和物体与动作联系起来。

12个月宝宝语言训练

家长要给12个月的宝宝创造说话的条件，如果孩子仍然使用手势、动作提出要求，家长就不要理睬他，要拒绝他，使他不得不使用语言。如果小儿发音不准，要及时纠正，帮他讲清楚，不要笑话他，否则他会不愿或不敢再说话了。

孩子模仿能力很强，听见骂人的话也模仿。当他第一次骂人时，家长就必须严肃地制止和纠正，让他知道骂人是错误的。千万不要因为孩子可爱，认为说出骂人的话好玩就怂恿他。这样孩子会养成坏习惯，长大后再纠正就难了。

第296~297天 培养宝宝的阅读兴趣

宝宝的早期阅读行为

阅读不但可以训练宝宝识字、语言等智能的开发，还可以起到养心、培养兴趣的作用。

教育专家与心理学家普遍认为，婴幼儿凭借色彩、图像、大人的语言以及文字来理解以图画为主的婴幼儿读物的所有活动，都是阅读活动。也就是说，对于幼儿来说，只要是与阅读活动有关的任何行为，都可以算做阅读。

比如，那些出生刚两三个月的宝宝，抓着一本书，咿咿呀呀地玩着，甚至在撕书，这也是一种阅读；那些看见爸爸坐在沙发上看报纸，自己也拿起报纸学着大人的样子，装模作样地看的宝宝，即使报纸都拿反了，也是一种阅读；还有的宝宝假装看得懂电话簿，拿着翻来覆去，煞有介事地阅读，甚至口中念念有词，这也是一种阅读。

什么时候开始早期阅读好

早期阅读应从9～12个月开始最适宜。对于宝宝阅读的引导，要根据幼儿身心发展的特点来进行，爸妈不能操之过急。

通常，9个月到2岁的宝宝活泼好动，往往会把书作为玩具，喜欢撕书、咬书、玩书，这时爸妈不必干涉。因为，这一阶段正是宝宝的前阅读时期和语言的萌芽期，爸妈的任务就是让宝宝对书感兴趣，让宝宝从小就喜欢书，因此宝宝要怎么翻、怎么看、怎么玩，都随他，不要以大人的要求去约束宝宝，要任宝宝玩耍。

培养宝宝对图书的兴趣

在宝宝情绪愉快时，爸妈要让宝宝坐在自己的怀里，打开一本适合宝宝读的图书，妈妈先打开书中宝宝认识的一种小动物图画，引起宝宝的兴趣，再当着他的面，把书合上，说“大熊猫藏起来了，我们把它找出来吧！”

妈妈要示范一页一页翻书，一旦翻到，要立刻表现出兴奋的样子：“哇，我们找到了！”然后，再合上书，让宝宝模仿你的动作，打开书，也找到大熊猫。

起初，宝宝只能打开、合上，但渐渐地就会一次翻好几页。这种训练能培养宝宝对图书的兴趣。

第298~299天 为宝宝挑选学步鞋

宝宝到了学走路的阶段，父母不仅要积极帮助他提升大动作能力，让他多练习走路，还应该为他准备好合适的学步鞋。通常来说，父母在给宝宝挑选学步鞋时，应注意以下几个方面。

尺寸

给宝宝购买的学步鞋尺寸一定要合适。在给宝宝购买学步鞋之前，父母最好能先量好宝宝脚的尺寸。一般情况下，鞋子的长度以宝宝穿上鞋之后脚趾能碰到脚尖，而脚后跟能塞进大人的一个手指为宜，用尺子量就是鞋长最好长于宝宝大脚趾的12～16毫米，宽度是所有脚趾平躺的距离。

亲子小游戏

玩水

妈妈抱孩子坐在浴盆里，放一些玩具在水上漂浮，让孩子拍打热水，抓玩具。母子两人都舒服愉快。

目的：锻炼肌肉。

面料

在面料方面，要选择柔软的面料，质量也应该结实一些。相对来说，布面、布底制成的鞋子既舒适，透气性又好，而选用软牛皮、牛筋底等作为鞋底，既柔软有弹性，又舒适安全。

质地

在质地方面，最好选择轻巧舒适而实用性较强的学步鞋。父母在给宝宝选购鞋子时，一定要注意选轻巧的，免得加重宝宝的负担；鞋帮要高一些，以保护宝宝脚踝部；鞋面应该柔软而不带装饰物，以免绊倒宝宝；鞋头最好能宽一些，以免宝宝的脚趾在鞋里相互挤压而影响发育；鞋底应该富有弹性和防滑功能，也可以稍微带点鞋跟，这样可以防止宝宝走路后倾，帮助平衡重心等。

第300天

第10个月智能发育测试

分　类	项　目	测评方法	通过标准
大动作	能独站片刻	扶宝宝站立后松开手	能独站2秒以上
	扶椅或推车走几步	让宝宝扶着椅子、床沿或小推车，鼓励其迈步	能迈3步以上
精细动作	把一件玩具放进另一件中	让宝宝将眼前的玩具放进一个较大的容器（如小箱子、小篮子）里	能将1～2件玩具放进容器内
	食指拇指动作熟练	抱坐，将一米花放在桌上，鼓励宝宝捏取	能熟练用拇指食指捏起米花，动作协调、迅速
认知能力	认识的新物品（用手指）	让宝宝听名称指出相应物品或身体部位	能听声指物
言语	会叫“妈妈”	观察宝宝叫妈妈时是否特指自己的妈妈	叫“妈妈”特指自己的妈妈
	会叫“爸爸”	观察宝宝叫爸爸时是否特指自己的爸爸	叫“爸爸”特指自己的爸爸
情绪与社会行为	懂得命令	吩咐宝宝做三件事，如“把**拿来”“坐下”、“把**给妈妈”等，不要做手势	能懂得并服从大人的指令，做相应的事
	理解“不”	宝宝拿一玩具时，大人说“不要拿，不要动”但不做手势	宝宝立刻停止拿玩具的动作

说明：以上智能发育测试是本阶段宝宝的平均水平。由于宝宝成长发育存在个体差异性，所以，如果您的宝宝某些项目没有达到要求，请不用担心，您只需在以后多加关注和训练即可。

第11个月
站立是独立的开端

当他蹒跚学步，当他咿呀学语，当他牵着你的手舍不得松开；当他的头靠在你肩膀，当他的唇贴近你脸庞，他能抚平你所有的伤。

你从不觉得自己很伟大，因为你觉得理所应当，你总会说自己最幸福，因为你也跟随他一起成长。

索引 本月内容 分类查阅

第301~302天 第11个月宝宝发育指标

生理指标

满11个月时，男婴体重8.9～11.0千克，身长72.2～77.6厘米。女婴体重8.2～10.3千克，身长70.3～75.8厘米，平均长牙4～6颗。

养育要点

1.辅食开始变成主食，母乳、牛奶变成辅食。大部分母乳喂养的宝宝已经断奶了。

2.如果在辅食中不能加足够的鸡蛋、鱼、牛肉等，就会缺乏动物蛋白。应该保证宝宝摄入足够的动物蛋白，但不必拘泥于书中所说的量，要根据宝宝的饭量而定。

3.辅食要少放盐、少放糖。

4.逐渐让宝宝与生人接触，克服怕生的现象。

5.继续发展宝宝的语言，可以给宝宝看画册讲故事。

6.训练宝宝走路。

7.禁止宝宝做不该做的事情，置之不理会使宝宝养成坏习惯。

8.训练宝宝的独立能力，但要保证宝宝的安全。

发育指标

1.大人牵宝宝一只手就能走。

2.能准确理解简单词语的意思；会叫奶奶、姑、姨等。

3.会指出身体的一些部位；会竖起手指表示自己一岁；不愿意母亲抱别人；有初步的自我意识。

提示

1.宝宝吃完点心后喂些水，可预防龋齿。

2.宝宝的骨头还软，走路时间不要太久。

3.家庭保持文明的语言环境，宝宝已经能很好地模仿大人说话了。

体重：__________千克　　身长：__________厘米

头围：__________厘米　　胸围：__________厘米

身体情况：

预防接种：无计划免疫疫苗。

第303~304天 科学地给宝宝断奶

宝宝长到11个月时，妈妈的母乳已不能满足宝宝的营养需要，这时候就要给宝宝断奶。断奶不仅仅是妈妈和宝宝的事，在这个过程中，爸爸也将起着关键的作用。以下为各位父母提供几条建议。

循序渐进，自然过渡

断奶的时间和方式取决于很多因素，每位妈妈和宝宝对断奶的感受不同，选择的方式也因人而异。

快速断奶 如果你已作好充分准备，你和宝宝也都可以适应，断奶的时机便已成熟，你可以很快断掉母乳。若有一些客观因素，如妈妈出差一段时间，那么很可能几天就完全断奶了；妈妈上班后不再吸奶，那么白天的奶也会很快就断掉。

逐渐断奶 如果宝宝对母乳依赖很强，快速断奶可能会让宝宝不适，如果你天天和宝宝在一起，非常重视哺乳，突然断奶可能有失落感，因此你可以采取逐渐断奶的方法。从每天喂母乳6次，先减少到每天5次，等妈妈和宝宝都适应后，再逐渐减少，直到完全断掉母乳。

少吃母乳，多吃牛奶

开始断奶时，可以每天都给宝宝喝一些配方奶，也可以喝新鲜的全脂牛奶。需要注意的是，尽量鼓励宝宝多喝牛奶，但只要他想吃母乳，妈妈不该拒绝他。

断掉临睡前和夜里的奶

大多数宝宝都有半夜里吃奶和晚上睡觉前吃奶的习惯。宝宝白天活动量大，不喂奶较容易。最难断掉的就是临睡前和半夜里的喂奶，可以先断掉夜里的奶，再断临睡前的奶。这时候，需要爸爸或家人积极配合，宝宝睡觉时，可以改由爸爸或家人哄宝宝睡觉，妈妈避开一会儿。宝宝见不到妈妈，开始肯定要哭闹一番，但稍微哄一哄也就睡着了。断奶刚开始会折腾几天，直到宝宝一次比一次闹得轻了，慢慢地睡觉前不怎么闹就乖乖睡了，半夜里也不醒了，那就断奶成功了。

培养孩子良好的行为习惯

断奶前后，妈妈易对宝宝纵容，要怎样就怎样，不管宝宝的要求是否合理。但越纵容，宝宝的脾气越大。在断奶前后，妈妈适当多抱一抱宝宝，多给他一些爱抚是必要的，但是对于宝宝的无理要求，却不要轻易迁就。这时，需要爸爸的理智对妈妈的情感起一点平衡作用，当宝宝大哭大闹时，由爸爸出面来协调，宝宝比较容易听从。

亲子小游戏

指令操作

1.父母面对宝宝，发出简单的指令，如叫他拍拍手，摇摇头或伸出舌头笑一笑等。

2.一边说一边亲自做示范给宝宝看，如果宝宝能够了解说话的内容，父母可只说话，不做示范。

目的：教宝宝听懂指令性语言，提升语言智能。

第305~306天 如何让宝宝感受快乐

快乐的宝宝才会是聪明的宝宝，所以父母要从各方面让宝宝快乐起来，这样宝宝才能健康成长，才能更聪明，学到更多的东西。

用表扬激发潜力

宝宝在受到父母的夸奖时，他不仅会心情愉悦，而且还会懂得什么是对的，什么是错的，什么是大人所提倡的，什么是大人所反对的。这样，比起家长直接对他说应该做什么、不应该做什么，效果要好得多。为此，家长要时刻关注宝宝的每一点细微的进步，每一个小小的闪光点，及时给予夸奖和鼓励，让宝宝产生成就感和自豪感，促使宝宝快快乐乐地进步。

让家里充满爱

宝宝的身边应该充满爱，一个家庭中，成员之间相互依恋，互相赞赏；在困难面前相互激励、相互支持；能够以乐观的态度对待家庭所面临的压力和危机，彼此谅解，相互扶助，这就是快乐的源泉。在这样的环境中宝宝才会快乐。

用兴趣点燃热情

快乐有许多窗口，培养宝宝多方面的兴趣很重要，这样宝宝获得快乐和满足的机会就会大大增加，使宝宝的生活变得丰富、不枯燥，自得其乐。任何方面的兴趣都是可以培养出来的。家长可以调整自己的教育观念和方式，如让孩子经常和小朋友玩，利用假日带着宝宝去郊外、河畔，去图书馆看看书，去练习书法，去学习画画。

第307~308天 帮助宝宝克服恐惧感

这个时期由于宝宝的活动能力增强了，他也喜欢摸摸这个东西、弄弄那个东西，因此有时宝宝可能会“鼻青脸肿”，几次过后宝宝可能会觉得周围充斥着不安全因素。

在生活中，有太多可能让宝宝恐惧的事，在大人看来也许不算什么，包括吸尘器的声音、狗叫声、警笛、马桶冲水的声音、猫叫声、某些机器玩具的震动声都会让宝宝感到恐惧。

这些现象都是非常正常的，所有的宝宝都会经历恐惧，有些宝宝能迅速克服恐惧，而有些宝宝需要一段时间适应后才能克服恐惧感。在后一种情况下，你就要帮助宝宝克服这种心理障碍，抛弃恐惧感。

如果宝宝害怕猫叫，你可以将宝宝抱在怀里，然后告诉他猫是不会伤害他的，慢慢地宝宝就会感觉到猫是自己的好朋友。

如果宝宝因为听见吸尘器的声音哭叫，你可以轻声安慰宝宝，宝宝就会慢慢习惯吸尘器的声音。

总之，宝宝对任何事物都有一个从不适应到适应的过程，而作为父母的你主要任务就是帮助宝宝消除这些不适感，让他从内心建立对这个世界的安全感。

第309~310天 教宝宝学站立

11个月的宝宝坐得很稳了，有时不满足坐着了，妈妈轻轻地搭宝宝的两只手，宝宝就会主动站起来，妈妈应该抓住宝宝自己想学站的机会，教宝宝站立。

妈妈开始教宝宝站立时，可以先用双手托住宝宝的腋下，让宝宝练习站立一会儿。开始宝宝学站时，一条腿不会站，妈妈不要着急，宝宝站几次就会了。当宝宝站得比较稳后，妈妈再适当地延长宝宝站立的时间。

宝宝在妈妈帮助下会用两只脚站稳后，妈妈再让宝宝学习用手扶床边站立，妈妈一定要注意保护宝宝的安全。

宝宝自己会扶着东西站后，妈妈再教宝宝练习由站位到蹲位，再由蹲位到坐位，以及由坐位到俯位的练习，每天宝宝重复几次。开始宝宝做每一个动作的练习，宝宝会出现不配合或不想做的现象，妈妈不要着急，妈妈可以每天自己做几次，让宝宝模仿妈妈的动作，或用宝宝喜欢的玩具吸引宝宝这样做，宝宝很快会喜欢做这些运动。

当宝宝这些动作都练习得很协调后，妈妈可以让宝宝练习学走路。

第311~312天 宝宝学走路的误区

宝宝的行走是宝宝运动能力发展的一种表现，从爬行到直立行走需要一个过程，妈妈不要拔苗助长，这样对宝宝的生长发育十分不利，现在就说说宝宝学走路过程中遇到的几种问题。

宝宝不经历爬行直接直立行走，这样不利于宝宝协调能力的发展。因为爬行不仅有利于宝宝背部肌肉、四肢肌肉发育，而且有利于提高宝宝的身体平衡能力。

宝宝走路不是越早越好，因为宝宝在八九个月时模仿成人学走路，不仅不利于宝宝足弓的发育，也容易引起宝宝用眼疲劳，容易引起宝宝患近视。1岁宝宝视力没有完全发育，站早了会引起睫状肌疲劳。妈妈应该让宝宝充分地爬。一般宝宝在12～14个月会走路是很正常的。

宝宝学走路的过程中，宝宝有磕磕绊绊是很正常的，妈妈不要主动扶宝宝起来，鼓励宝宝自己站起来。这样可以锻炼宝宝的独立性。若宝宝摔倒自己很难起来，妈妈可以上前扶起宝宝。

宝宝学走路时妈妈不要一直扶着宝宝走，因为宝宝有自己的思维，他可以自己解决要怎么走。妈妈为了防止意外事故，可以将家里地板上的东西移走，使其没有任何杂物，让宝宝练习爬、扶墙、蹲着、迈步运动。宝宝这些思考可以促进大脑的发育。妈妈在一边看着宝宝就可以了。

亲子小游戏

木琴演奏

1.妈妈握着宝宝的手，一边敲打木琴，一边唱歌。

2.即使歌声和拍子不搭也无所谓。

3.这一次，让宝宝独自演奏看看。

4.有时候，宝宝也会自己一边敲打木琴，一边唱歌。

目的：让宝宝感受不同的声音，提高听觉能力并培养其节奏感。

第313~314天 宝宝使用学步车好吗

很多妈妈都给不会走路的宝宝准备了学步车，妈妈看着11个月大的宝宝坐进学步车走路轻松自如，心里十分高兴，因为学步车让妈妈从弯腰扶宝宝走路中解放出来。殊不知，学步车也会带来很多问题。

学步车带来的问题

学步车由底轮、车架、坐椅组成，宝宝“学走路”靠着底轮的惯性“走起路”，它与宝宝正常的走路速度以及走路形态有很大区别，学步车不能促进宝宝学走路，反而会延迟宝宝的站立或行走等方面的发育。

学步车会影响宝宝的平衡能力，因为宝宝在学走路的过程中，需要通过左右摇摆身体达到平衡，而学步车限制了宝宝摇摆，不利于宝宝练习身体平衡能力。

宝宝有了学步车，妈妈会认为宝宝有了安全的保护，就会忽视对宝宝的照顾，而宝宝在学步车里想去哪儿就去哪儿，有时速度会很快，很容易接触到危险物品，如热水瓶等，发生意外事故。

妈妈给宝宝买学步车，有的会存在质量问题，若没有质量问题，11个月大的宝宝操控行走中的学步车没有安全意识，很容易因为宝宝好奇而发生意外事故，如碰撞、摔倒等。

用学步车的注意事项

妈妈不要将学步车当成宝宝的“临时保姆”，使用的过程忽视对宝宝保护。

宝宝年龄过小，妈妈不要让宝宝在学步车中站立太久，容易影响宝宝的腿部发育。

地面不要太滑、有水或坡路。

第315~316天 营造安全的家居环境

安全电插座保护盖

电插座的保护盖有两眼和三眼两种，把它插入不使用的电插座内，防止孩子因好奇而把手指或玩具插入插座眼内，导致触电事故发生。父母应该将保护盖插牢，以免被孩子轻易拔出。

大塑料夹

如果家中窗户使用卷帘的话，把卷帘绳折叠收高，用晾衣服的大塑料夹牢牢夹住，使孩子够不着，防止孩子使劲拽卷帘绳，导致卷帘下坠伤人。

安全门锁套

如果想长期禁止孩子进入家中的某些房间，在门把手上装上门锁套就可以了。父母应该注意，家里所有的门不论从哪一面锁住，都应该可以从另一面开启，以防孩子不小心将自己锁入房内。

安全门卡

把安全门卡套在家中所有门的上方，防止门不慎关上时，夹住孩子幼嫩纤细的手指。父母应该经常检查门卡有无碎裂迹象，以防其碎裂后落下，孩子误食碎片。

安全防撞台角

家中所有有棱角的家具都应该装上防撞台角，例如餐桌和茶几，可以在孩子跌倒时防止撞伤。父母必须严格按照说明书指示使用台角，与家具紧密粘牢，以防被孩子轻易取下。

第317~318天 宝宝多吃甜食的危害

宝宝一般都爱吃甜食，但从医学的角度看，宝宝还是要少吃为好。

1.过多的糖类物质如果在体内得不到消耗，便转化为脂肪贮存起来，造成宝宝肥胖，为成年后某些疾病的发生埋下了祸根。

2.食用过多的糖，会加重身体代谢中胰岛的负担，时间久了会造成糖尿病的发生；甜食还可消耗体内的维生素，使唾液、消化腺的分泌减少，而胃酸则增多，从而引起消化不良。

3.如果食用的糖量超过食物总量的16%～18%，就会使宝宝的钙质代谢发生紊乱，直接影响宝宝的生长发育。

4.饭前给宝宝吃甜食，会使食欲中枢受到抑制，造成宝宝厌食。

5.糖是由淀粉转化而来。淀粉在加工成糖的过程中，维生素B_1几乎全部被破坏。过多的糖在进入人体后，在代谢过程中所产生的中间产物丙酮酸，因没有足够的维生素B_1的参与，会大量存在于血液中，进而刺激中枢神经系统及心血管系统，最常见的是人体出现疲乏、食欲降低等现象。

6.糖吃多了易得龋齿，因口腔是一个多细菌的环境，有些细菌可以利用蔗糖合成多糖，多糖又可形成一种黏性很强的细菌膜，这种细菌膜附着在牙齿表面上不容易清除，细菌可大量繁殖而形成一些有机酸和酶，尤其是乳酸杆菌产生大量乳酸，直接作用于牙齿，可使牙齿脱钙、软化，酶类可以溶解牙组织中的蛋白质，在酸和酶的共同作用下，牙齿的硬度和结构容易遭到破坏，就特别容易发生龋齿。

7.吃糖过量，对宝宝身体除有以上影响外，还可增高宝宝体内血糖量，相应地降低体液的渗透压，使晶状体凸出变形，屈光度增高，导致近视。另外，糖偏酸性，食用过多，能消耗体内的碱性物质，特别是钙、铬等矿物质，这些都是促成近视的因素。

8.过多地食用甜食会导致酸性物质增加，为了维持人体内环境的酸碱平衡，就必须动用体内的钙、镁、钠等碱性物质来中和。从而消耗大量钙质，导致缺钙。

因此，为了让宝宝健康成长，家长应教育宝宝不要多吃糖。

第319~320天 宝宝患口腔溃疡怎么办

溃疡性口腔炎俗称口疮，多见于婴儿期，以夏秋季节多见，是一种常见病。表现为在开始时，口腔黏膜上呈现米粒大小的圆形小泡，继之破溃呈黄白色溃疡，轻者数粒，多则数十粒，有的可蔓延到咽喉部。患儿往往疼痛难忍，哭闹，不思饮食，进食困难，甚至拒食，每逢进食哭闹不止，家人为其甚为苦恼。

患有溃疡性口腔炎的婴儿应做如下护理：

1.多给婴儿饮温开水，可少量多次，吃一些无刺激性的流质或半流质食物。

2.溃疡面上可以涂思密达，以保护口腔黏膜及止痛，一日数次。

3.锡类散：可解毒化腐，用于咽喉糜烂肿痛，将药粉少许涂于口腔糜烂处，每日2次。

4.六神丸：有清热解毒、止痛消炎的作用，每日2次，每次半粒到1粒口服。

5.牛黄解毒丸：有消炎解毒作用，口服每日2次，一次1/4～1/2片。

亲子小游戏

谁吹出来的气

1.在桌角放一张纸，使纸张的一部分露出桌外。

2.妈妈先吹气，让纸张飘扬。

3.纸张被吹得团团转，飞走了。

4.让宝宝试试看。

目的：增加宝宝的肺活量，让宝宝的脸部肌肉结实。

第321~322天 训练宝宝的注意力

孩子越小，注意力集中的时间越短。不论玩什么，他玩一会儿就烦了，实际上是他累了，这时他要休息，换一个兴奋点。这时候做家长的一定要注意这一点，就是不论做什么一定要有始有终。

当孩子开始显出厌倦时，妈妈要请他一起来收拾玩具。妈妈要给孩子准备一个较大的筐来装孩子的玩具，收拾玩具时就叫孩子把玩具放进筐里。如果孩子不放，那就说：“小猫要回家，小狗要回家，我们把它们送回家去吧。”孩子会抱起玩具小狗放进筐里。或是哄孩子说：“妈妈放一个，你放一个，比一比好不好”，把收拾玩具也变成游戏，孩子就会愉快地参加了。

开始孩子可能只拾一两个就不拾了，也可能放进这个又拿出那个。但只要他参与收拾，就要表扬他。他做得不好，但只要他做了就可以了。最后，妈妈要帮他把玩具筐放得整整齐齐，放在一个固定的地方。

拾玩具可以从小培养孩子爱护物品及管理自己东西的能力，使他习惯于在整洁的环境中有秩序的生活、工作，处理自己的事情，这样的好习惯对他一生都有益。

拾玩具的过程可培养孩子手和全身协调动作，增强他们的体力和提高行动的效率。孩子和妈妈一同收拾玩具，孩子渐渐会用脑去想，先拿哪个，后拿哪个，怎样比妈妈拾得好。逐渐培养了他独立思考和独立工作的能力，慢慢地他就会从近到远有次序地来拾。

第323~324天 独立性培养：鼓励是关键

11个月的宝宝已经会做很多事情了，宝宝也渐渐地独立起来了，身体发育、智力发育等都发生了很大的变化。在培养宝宝独立性的过程中，他更加需要你的支持、鼓励和耐心。具体做法有以下几种。

鼓励宝宝采用站姿 虽然宝宝每一次的站立都是颤颤巍巍的，显得孤立无援。但是家长对于宝宝的每一次站立都要给予极大的关注和鼓励。你可以通过拥抱、抚摸、言语来表扬，高兴兴奋的表情来告诉宝宝，你对于他的这一举动感到无比的自豪和高兴。

给宝宝介绍新的东西和食物 充分运用宝宝的视觉、味觉、听觉、触觉等，使宝宝在接受新鲜事物的同时促进大脑的发育。

鼓励宝宝独立吃饭 这个年龄阶段的宝宝在家长的喂食下吃饭是很正常的。除正餐以外的食品，家长可以鼓励宝宝自己动手。

许多父母都认为宝宝还小，所以总是在包办代替，可是你知道吗？宝宝现在已经有足够的能力自己动手吃饭了。使用语言和动作来让宝宝意识到你对于他可以自己吃饭有多么的高兴！

让宝宝经历第一次独立喝水 如果你想让宝宝尝试第一次独立喝水，最好在宝宝洗澡的时候来尝试，因为这样可以避免弄脏全身。

第325~326天 正确引导宝宝说话

理解语言是宝宝讲话的前提，所以妈妈不要以为宝宝听不懂而减少语言交流，要知道丰富的语言刺激环境能使宝宝储藏大量的语言信息，提升宝宝语言智能的发育。

主要可以从以下几个方面引导宝宝说话：

1.学会接纳电报式语言，同时简洁地示范完整语言。宝宝会用“妈书”代替“妈妈拿书”，妈妈先对着宝宝说一遍“妈妈拿书”，再把书给他，这样的示范很有意义。

2.注意分解一词多义。宝宝会用“球球”指代所有的圆形事物，妈妈要清晰地告诉他这个具体事物的准确名称，如“皮球”、“线团”、“圆豆”、“鸡蛋”等。

3.与情境相对照，教宝宝学说话。走在外面，看见树叶随风飘落下来，对他说：“树叶落下来”，鼓励他跟着说，如果他说不出来也没有关系，他会在大脑里储备词汇。

妈妈要抓住宝宝的兴趣点，激发他表达个人欲望。但是，请注意不要当着宝宝的面说他“内向、不爱说话”，给宝宝的性格特点过早地下结论，这样不利于宝宝的主动发展。

亲子小游戏

用棍子够玩具

1.把玩具放在孩子能看到但用手够不着的地方，然后给孩子一根细长的纸棍，看他会不会用棍子够玩具。

2.如果给他示范，他就会模仿。

3.不要苛求孩子能准确地把玩具取出来，只要能用棍子碰到玩具就是成功。

目的：培养孩子了解物体与物体之间的关系，初步尝试使用“工具”。

育儿箴言

在达到理智的年龄之前，孩子不能接受观念，而只能接受形象。

第327~328天 准备一个家庭常备药箱

宝宝有时会得一些轻微的小病，不需要看医生；或者宝宝患了突发性疾病，来不及等待医生的治疗，这时需要家庭准备一些常备药品。

需准备的药品

退烧药 美林、泰诺林、小儿退热贴、冰袋。

感冒、咳嗽 小儿感冒颗粒等。

感冒、发热 双黄连口服液、好娃娃感冒颗粒等。

咳嗽、多痰 小儿止咳糖浆、吐根制剂、清肺化痰颗粒等。

严重鼻塞、流鼻涕 鼻渊舒、滴宁(禁用滴鼻净)等。

积食、厌食、消化不良 四磨汤、妈咪爱、小儿化食丸等。

便秘 四磨汤、婴儿开塞露等。

腹泻 思必达蒙脱石、妈咪爱等。

湿疹 湿疹膏、尤卓尔、炉甘石洗剂等。

抗病毒药 板蓝根等。

外用药 75%浓度酒精、创可贴、棉签、棉球、纱布。

眼睛充血、眼屎多 婴儿眼药水等。

蚊虫叮咬 宝宝金水等。

烫伤 京万红等。

需准备的护理用品

护理用品包括划伤、摔伤等外伤消毒，轻度烫伤处理，发烧护理用物品，种类繁多，下面是最基本的备用物品：

1.体温计。

2.绷带（宽幅窄幅各一卷）、消毒棉纱、脱脂棉、塑料布、橡皮膏、带消毒棉纱的橡皮膏。

3.小镊子、剪刀、小钳子。

4.冰枕。

5.消毒用酒精、伤口消毒水（红药水等）、橄榄油。

6.手电筒。

7.铅笔、记录本。

常备药品和护理用品要专门放入一个箱子内，避免孩子乱动乱拿。一年检查两次，发现有过期或变质的应及时更换。

育儿箴言

我们所谓的不干预孩子的学习，尊重孩子的行动，必须在孩子本质上的发展趋于成熟之后才得以实行。

第329~330天 第11个月智能发育测试

分　类	项　目	测评方法	通过标准
大动作	会扶家具行走	将宝宝领至小床边有栏杆处或长沙发边用玩具逗引	能扶家具走3步以上
	独站稳	扶宝宝站稳，给他手中放一玩具后松手	能独站10秒钟
精细动作	打开包积木的纸	在宝宝注视下，用一张信纸包起一块积木打开，再包上，鼓励宝宝找积木	宝宝主动打开包积木的纸寻找积木，将积木拿到手
	把硬皮书打开合上	在宝宝眼前示范将硬皮书打开再合上	能模仿大人将硬皮书打开合上
	将圆环套在细柱子上	向宝宝示范用直径约10厘米的环套在笔杆上，鼓励其学着做	能准确将环套在笔杆上
认知能力	能听声指物或图各3种	让宝宝听名称指物或图片各3种	能准确无误地指出大人说出的物品或图片
	知道用棍子够玩具	将玩具放到宝宝可望而不可及的地方，在宝宝身边放一支棍子，看他是否知道用棍子够玩具	只要知道能用棍子够取玩具即可，不一定要取到玩具
言语	说些莫名其妙的话	宝宝安静、愉快时，观察他的自言自语	说出听不懂的由2～3个字组成的一句话
	有意识发“爸爸妈妈”以外的一个字音（如要、走、拿等）	观察宝宝是否能有意识地发一个字音，表示一个特定的意思，如“要”表示要什么东西	能发一个字音，表示特定的意思或动作
情绪与社会行为	随音乐或歌谣做动作“如点头、拍手、踏脚、摇身等”	放音乐或念儿歌，鼓励宝宝随节奏做点头、拍手、踏脚、摇身等动作	能随音乐或儿歌的节奏做简单的动作

说明：以上智能发育测试是本阶段宝宝的平均水平。由于宝宝成长发育存在个体差异性，所以，如果您的宝宝某些项目没有达到要求，请不用担心，您只需在以后多加关注和训练即可。

第12个月 迈出人生第一步

你也总会想，终有一天，你的宝宝会离开你的身边，独自一个人去远方追寻他的梦想。

你兴奋，你担心，你惊喜，你忧虑，但你绝不会阻止他的脚步，只会默默地在背后凝望，那身影一点点消失，他脚下的路却在你的心里越来越长。

索引 本月内容 分类查阅

第331~332天 第12个月宝宝发育指标

生理指标

满12个月时，男婴体重9.1～11.3千克，身长73.4～78.8厘米，女婴体重8.5～10.6千克，身长71.5～77.1厘米，平均长牙6～8颗。

养育要点

1.这个月如果宝宝身体健康的话，就应该断母乳了。

2.断母乳后，每天喝1～2次牛奶。

3.断母乳后，宝宝可能发生大便干燥，可在饮食上增加素菜量，香蕉、蜂蜜也有润肠的作用。

4.要继续加强语言训练，为宝宝创造说话的机会。鼓励孩子用语言表达他自己的愿望。

5.引导孩子和个性向着良好健康的方向发展，对于孩子不好的行为家长要明确表示禁止。对于孩子好的行为，家长要加以鼓励。

6.不要让孩子过多地看电视，孩子应该在与人、事物的接触过程中成长。加强父母与孩子的交流，保持愉快的家庭气氛，使孩子保持良好的情绪状态。

7.继续训练孩子走路。

8.每天要有至少3小时的户外活动时间。

发育指标

1.宝宝不用扶，自己站稳能独走几步。

2.认识身体部位3～4处；认识动物3种；会随儿歌做表演动作；能完成大人提出的简单要求。

3.不做大人不喜欢或禁止的事；开始对小朋友感兴趣，愿意与小朋友接近、游戏。

提示

1.不要迁就宝宝的不合理要求。

2.不要故意学宝宝错误的发音，否则错误的发音就会固定下来，以后很难纠正。

体重：________千克　　身长：________厘米

头围：________厘米　　胸围：________厘米

身体情况：

预防接种：第1针乙脑疫苗。

第333~334天 教宝宝学走路的方法

当宝宝开步行走之时，也是他长大的象征，他可以移动双脚去任何想去的地方。行走的宝宝可以更方便地接触物体，宝宝活动范围也更开阔了。你可以按照以下方法训练宝宝走路。

扶家具和扶墙行走

不要小看宝宝扶墙、扶家具慢慢移动身体，它是宝宝行走的开始。虽然独自站立还不稳定，但通过脚步的挪移，手脚和身体的配合，宝宝的平衡感正不断得到提升。

推着小推车走

让宝宝站在小推车的后面，两只小手抓稳当，一开始爸爸妈妈可以将小推车的车速调慢或以手来控制小推车前进的速度，等宝宝熟练以后，爸爸妈妈就可以放手让宝宝自己推小车。爸爸妈妈还可以教宝宝碰到障碍的时候将小推车朝后拉，再进行转弯以避开障碍。

面对面鼓励宝宝开步走

让宝宝先扶着身旁的物品，爸爸妈妈张开手臂以欢迎的形式迎接宝宝，可以先从只隔几步远，渐渐地拉开距离。看着宝宝跌跌撞撞地向你走来，可不要马上就去抱宝宝。

当宝宝不敢向前走的时候，你一定要用诸如“宝宝，你快来啊”、“妈妈在这里等着你”等言语加上微笑的表情和张开双臂迎接宝宝的姿势，让宝宝乐于走向你。

宝宝走到目的地时，要拍拍手表明他做得很好；也可以抱住他再拍拍他，让宝宝感觉到你对他的重要性；还要用言语如“宝宝，你做得真好”、“宝宝，你真棒”、“真是个好宝宝”等来激励他。时间久了，你会发现宝宝对自己的行为也会很满意，他还会学着拍手称赞、鼓励自己呢！

第335~336天 “八字脚”是怎么回事

有些宝宝在学走路时，摇摇晃晃，甚至不断地摔个跟头，还有的走起来像只小鸭子，迈出不规则的“八字脚”。这些现象都说明宝宝走路姿势不对，或者是有别的原因，这时爸妈千万要注意。

如果宝宝的“八字脚”表现在腿上，也就是常说的“X”型腿和“O”型腿。

“X”型腿的宝宝一般都不爱走长路，老嚷着让妈妈抱，有这种姿势的宝宝是缺乏肌肉负重锻炼。因此，妈妈不要总是宠着，要让宝宝多做些锻炼；而“O”型腿的宝宝走路像骑马，不过也不用担心，慢慢自己就能调整过来。

这两种走路姿势一般在2岁就能慢慢恢复正常，但如果一直这样，就有缺钙和缺少维生素的迹象，需要到医院治疗。

此外，宝宝出现“八字脚”还有别的原因，一是宝宝初学走路时穿硬质的皮鞋，由于宝宝的骨骼太软，脚腕力差，如果皮鞋又硬又重，会扭曲宝宝的步态；二是由于多种原因造成宝宝维生素D缺乏，维生素D缺乏后会使身体的钙、磷代谢紊乱，使钙的吸收发生障碍，造成佝偻病，患佝偻病的宝宝走路时很容易形成“八字脚”。所以，爸妈一定要多注意。

此外，一定要根据宝宝的生长发育规律和发育情况，适当掌握宝宝的走路时间，切不要操之过急。

亲子小游戏

钓鱼游戏

1.将铁丝衣架展开成一字形。

2.衣架的挂钩部分请保持原样。

3.可以用衣架来玩钓东西的游戏。

4.将杯子或玩具等所有可以钓的东西放在有点距离的地方，让孩子钓起来。

目的：发展宝宝的手眼协调能力和上肢控制能力，锻炼整个身体的动作协调性。

第337~338天 宝宝的语言快速发展

儿童的语言分为被动语言和主动语言。被动语言是指小儿能听懂别人讲话，但自己尚不会说话；主动语言是指小儿自己能说话表达意愿等。

宝宝被动语言的发展

这个时期的小儿说话处于萌芽阶段，但被动语言却有了较快的发展。虽然他们能够使用的语言还很少，但是他们能够理解很多成人说的话，对成人的语言由音调的反应发展为能够听懂语言的词义。如问婴儿：“电灯呢？”则他会用手指灯；问他“眼睛呢？”他会用手指自己的眼睛，或眨眨自己的眼睛；听到成人说“再见”，他会摆手表示再见；听到“欢迎、欢迎”的声音，他也会拍手表示欢迎。

宝宝主动语言的发展

一岁左右的婴儿，已经能够模仿和发出一些词音。一定的“音”开始有了一定的具体意义，这是婴儿语言发展的特点。声音对婴儿来说已经起到初步的交际作用，但还仅仅是有限的联系，婴儿还不能够说出那些已经理解的词。

这时期的婴儿常常用一个单词表达自己的多种不同的意思，如婴儿说“外外”，根据情况可能是指“我要上外面去玩”或“妈妈出去了”；婴儿说“饭饭”，可能指“我要吃”或“妈妈在吃饭”等。

这个时期末的婴儿不但会有意识地喊“爸爸”、“妈妈”、“奶奶”、“爷爷”等，而且还会使用一些单音节的动词，如“拿”、“抱”、“打”、“给”等等，虽然孩子的发音不太准确，但家长听了特别高兴，当见到爸爸进来会叫“爸爸”、见到妈妈会叫“妈妈”，而不像以前见到谁都乱叫“爸爸”、“妈妈”了。这时期的婴儿常常说一些让人莫名其妙的语言，并会用一些手势和姿态来帮助说话。因此，家长要抓住有利的时机教婴儿学语言。

第339~340天 训练宝宝的自我意识

婴儿的意识发育比较慢，在一岁以前还不能意识到自己身体的存在，他会咬自己的手指，并因为咬痛了而放声大哭。不过这一咬倒起到了很大作用，他觉得咬自己的手指和咬别的东西在感觉上不一样，从而也就形成了最初的自我意识。

自我意识的表现

婴儿到一岁时，开始能把自己的动作和动作的对象区分开来，把主体与客观世界区分开来。如懂得由于自己摇动了挂着的铃铛玩具，铃铛就会发出声音，并从中认识到自己跟事物之间的关系。有的婴儿还常常把床上的各种玩具一件件地抓起来扔到床外，一边扔还一边咿咿呀呀地说个不停，这是因为他发现通过自己的小手可以让玩具“响了”、“跑了”、“飞了”，他们开始意识到自己的存在和自己的力量，这就是自我意识的最初表现。这种现象的出现，在婴儿的自我发展过程中具有重要意义。

自我意识的出现，说明那种“小毛孩，什么也不懂”的说法是没有根据的。父母应抓住一切有利时机，促进婴儿自我意识的发展。

自我意识的训练

父母可在与婴儿玩耍时，有意识地让他知道自己所处空间的位置，如让婴儿知道他自己和父母之间的位置关系，引导他认识自身与外部世界的关系。另外，还可以发挥婴儿手的触动作用，让他们扔扔彩色气球、抓抓奶瓶、摸摸小娃娃，同时积极鼓励孩子，激发他们的欢快情绪，促进他们自我意识的发展。

亲子小游戏

摸脚尖

1.这既是一个很好的伸展训练，又是学习认识身体部位的好办法。

2.向上高举双手臂，然后弯腰尝试够到脚尖。

3.鼓励宝宝照着做。

目的：促进宝宝四肢运动，增强自我意识。

第341~342天 宝宝不能再穿开裆裤

小宝宝穿开裆裤是为了方便大小便。当宝宝想要大小便时，来不及喊妈妈，蹲下来就解，不容易弄脏裤子，在家里照顾宝宝解大小便也很方便。大多数宝宝在11个月前都是穿开裆裤的，但是穿开裆裤对宝宝来说又有很多隐患，所以12个月后的宝宝不应该再穿开裆裤了。

穿开裆裤不卫生

1.日常生活中，宝宝喜欢坐在地上，穿开裆裤时宝宝的会阴部容易与外界接触，如地板、家人衣服的表面、外面的椅子上或草地上，很容易出现相互污染，引起疾病。

2.1岁内的宝宝往往是通过手来探索外面的世界，包括了解自己的身体。妈妈若给宝宝穿开裆裤，宝宝的小手经常会到处摸，很脏。如果宝宝用手触摸自己的会阴部，很容易出现尿道感染。

3.若宝宝大便后，屁股没有洗干净，宝宝用小手去摸，残留在肛门周围的粪便很容易污染宝宝的小手，宝宝又有吃手的习惯，这种行为很容易将大肠杆菌等细菌带到宝宝体内，引起宝宝呼吸道或消化道疾病。

穿开裆裤易着凉

如果宝宝自己控制大小便的能力不强，当天气变冷时，宝宝穿开裆裤很容易着凉感冒，或引起腹泻，增加大小便排便次数。

穿开裆裤不安全

1岁内的宝宝活动范围变大，宝宝在爬行或学走路时，穿开裆裤时会阴部很容易受到碰、刮、蹭等伤害。

穿开裆裤易被蚊虫叮咬

宝宝穿开裆裤时没有衣服或尿布的保护，在夏秋两季很容易受到蚊虫叮咬，会影响宝宝的健康。

第343~344天 宝宝断奶后的饮食

婴儿停止吃母乳后，体内就会缺少优质蛋白质及脂肪的供给。蛋白质是构成人体细胞的主要成分，婴儿不仅需要蛋白质补充消耗，而且还要用于生长发育。因此，对于断奶后的婴儿来说，鱼、肉、蛋等是不能缺少的。对于那些不爱吃的婴儿，就可以用牛奶来代替。

继续每天喝牛奶

牛奶有丰富的蛋白质、脂肪，吃起来也方便，价格合理，是断奶后婴儿理想的动物性蛋白质来源之一。然而，不是说那些鱼、肉、蛋吃得好的孩子就不能再喝牛奶，只要他愿意，完全可以喝。牛奶的量可根据孩子吃鱼、肉、蛋等动物性食物的量来决定，每天可以喝1～2瓶牛奶。为满足生长所需的营养，断奶后最好能继续喝牛奶。

米饭和肉类要均衡

断奶后婴儿的主食就是饭，婴儿的喜好不同，有的喜欢喝粥，有的爱吃饭，这并没有多大的差别。

一般，一顿能喝一碗粥的婴儿，吃米饭大概只能吃半碗或大半碗。有些父母很在乎婴儿能吃多少饭，而不重视给孩子吃鱼、肉、蛋，这种做法是不对的。人并不是非吃米饭不可的，米饭中的营养成分只是糖和植物蛋白，与面包、面条差不多，而鱼、肉、蛋含的动物性蛋白比植物蛋白要好很多，父母不要因为孩子吃米饭少而烦恼，为了营养均衡，提倡少吃饭多吃菜。吃不上半碗饭，但能吃鱼、肉、蛋等食物是不会影响婴儿生长的。如果光吃米饭，会造成营养缺乏。

多吃水果和蔬菜

这时期婴儿可以自己抓着吃水果了，给婴儿吃的水果，最好是新鲜时令水果，吃时要将籽或核去掉，一次不可吃太多。不应该给婴儿吃水果罐头，因为罐头食品不适合给婴儿吃，其营养成分远不如新鲜水果。如果是在水果淡季，一时缺乏新鲜水果可以偶尔补上。

断奶后婴儿还应吃一些蔬菜。一岁前婴儿可以进食碎块蔬菜，可以吃的蔬菜品种很多，如土豆、西红柿、胡萝卜、芹菜、洋葱、韭菜、菠菜等等。有的菜味较浓，婴儿不愿吃，就不要勉强。好在蔬菜品种繁多，可选择婴儿喜食的蔬菜喂。对于那些一点也不吃蔬菜的孩子，可以先不让他吃，以后再慢慢尝试着变着样做给他吃，不吃蔬菜造成的暂时营养损失，可以通过吃水果、肉、牛奶、蛋来弥补。

第345~346天 预防“断奶综合征”

“断奶综合征”的症状

传统的断奶方式往往是突然中止哺乳，或者采取母亲与孩子隔离几天等方式。如果此时在孩子断奶后没有给予正确的喂养，孩子需要的蛋白质没得到足量供应，长此下去，往往会造成婴幼儿蛋白质缺乏，可出现婴儿发育迟缓、表情淡漠、头发由黑变棕、由棕变红、兴奋性增加、容易哭闹、哭声不响亮、细弱无力、腹泻等症状。

这种孩子脂肪并不少，看上去营养还可以，并不消瘦，但皮肤常有浮肿，肌肉萎缩，有时还可见到皮肤色素沉着和脱屑，有的孩子因为皮肤干燥而形成特殊的裂纹鳞状皮肤，检查可发现肝脏肿大。这些都是由于断奶不当引起的不良现象，医学上称为“断奶综合征”。

“断奶综合征”的危害

如果母亲因断奶而与孩子暂时分开，则

孩子精神上受到的打击更大。蛋白质摄入不足和精神上的不安会导致孩子消极，抵抗力下降，易患发热、感冒、腹泻等病。

如何预防“断奶综合征”

预防断奶综合征的关键在于合理喂养和断奶后注意补充足够的蛋白质。

正确的断奶方法是将婴儿期以母乳为主的饮食逐步过渡到以粥、饭为主，渐渐添加各种辅食至接近成人饮食的过程。正常发育的孩子1岁左右就该断奶，最好不要超过1岁半，一般选择春秋季节，孩子健康状况良好时断奶最佳。

一般不宜在夏天断奶，因为夏天易发生消化道疾病。为了使孩子适应断奶后营养供应，应从宝宝4个月时开始循序渐进地为宝宝添加辅食。宝宝的食物应单独做，要求精细、干净，并要煮烂，不要吃大人的食物或大人嚼过的食物。

第347~348天 训练宝宝自己用汤匙吃饭

训练宝宝自己吃东西，最初学会的是用手抓起食物往嘴里放，为了让宝宝能在一岁半时学会独立吃饭，家长现在就应该教宝宝用匙吃饭了。当然，要教宝宝学用汤匙，先要让他注意大人用汤匙吃东西，并让宝宝熟悉怎样拿汤匙。

帮宝宝把手洗净后，将大柄汤匙放在宝宝的右手上，然后帮助他握住汤匙把，以引导他用汤匙从碗中取出食物送入口中，注意别让他的另一只手伸进碗里。吃完东西后要帮宝宝把手、嘴擦干净。

有时候宝宝会拿汤匙边吃边玩，若宝宝体会到想把食物舀起来送进嘴里并不那么容易后，就会不耐烦了，汤匙不往嘴里送而在饭里瞎搅。这时，家长可以把饭端开，但是不要去夺宝宝手里的汤匙，不然宝宝会失去信心的。

每天都坚持这么练习，几周以后宝宝一定会有惊人的进步。待宝宝自己会用匙吃东西时，就要从此让他自己用匙吃，家长只是协助和照看。

如果家长这个时期仍然没有训练宝宝自己吃饭的意识，一岁后再来训练可能就费劲多了。

亲子小游戏

拔河比赛

1.这个游戏锻炼手臂上部的肌肉，宝宝绝对会喜欢。

2.和宝宝面对面坐在地板上。

3.手抓住长围巾的一角，把另一角给宝宝。

4.轻轻地拽动长围巾，教宝宝怎么把它拉回去。

5.宝宝使劲儿拉的时候，你假装倒下，宝宝会非常开心。

目的：促进宝宝四肢肌肉的发育，提高运动机能。

第349~350天 宝宝出水痘了怎么办

水痘是孩子常见的轻度急性传染病，是由一种疱疹病毒引起的，病毒传播途径是接触或呼吸道飞沫传染。多发生于6个月以上的孩子，冬春季节患病率高。

出水痘的症状表现

患了水痘常有些低热，当日可见发际中、面部、身上有红色皮疹出现，一天左右这些皮疹大部分变为大小不等的圆形疱疹，内含透明液体，3～4天后疱疹逐渐结痂。由于又有新的皮疹出现，所以呈现新旧同时存在的情况，病程一般需要10～14天，大部分皮疹结痂脱落疹愈，不留疤痕。

出水痘的家庭护理

1.宝宝出水痘并不可怕，可得到终身的免疫。在宝宝出水痘的地方结痂之前，让他待在家里，不要和其他小朋友玩，以防传播疾病，同时也要让宝宝得到充分的休息。在皮疹出来的当天或前两天，宝宝的传染性最强。宝宝的水痘结痂后，就没有传染性了。

2.宝宝出水痘期间会烦躁不安，身上会很痒，妈妈可以给宝宝涂抹止痒药，如炉甘石洗剂。妈妈在给宝宝涂药时，一定要先将手洗干净。

3.宝宝出水痘期间，妈妈一定要看住宝宝，将宝宝的手指甲剪短，避免宝宝抓伤。

4.宝宝出水痘期间，妈妈不要让水痘沾水，避免宝宝抓伤，妈妈一定要注意宝宝的皮肤护理。若宝宝有破溃感染现象，妈妈要带宝宝去医院处理。

5.饮食方面，要让孩子多喝水，给孩子吃些清淡的食品，不要吃鱼虾等刺激性的东西。要保持室内卫生，室内要常通风换气。不要给孩子洗澡，要勤换内衣。

第351~352天 影响宝宝健康成长的因素

很多家长都有这样的疑问，明明是同龄的孩子，为什么自己家的孩子没有别人家的孩子长得高、长得壮呢？其实孩子的生长发育会受到很多因素的影响，所以存在着个体差异。

正确判断宝宝生长发育的情况

孩子的生长发育虽然遵循一定的规律，但在一定范围内还会受到多种因素的影响，存在着相当大的个体差异。所谓的正常值也不是绝对的，要考虑个体不同的影响因素，才能正确地判断是正常还是异常。同时还要进行系统、连续地观察，才能了解孩子生长发育的真实情况。

影响宝宝生长发育的因素

遗传 孩子生长发育的特征、潜力、趋向、限度等都受父母双方遗传因素的影响。一般来说，同龄的孩子相比，父母个子高，孩子的身高也高，父母个子矮，孩子的身高也会矮。

营养 营养也是影响孩子生长发育的重要因素之一。充足和调配合理的营养是孩子生长发育的物质基础，如果营养不足则会导致孩子的体重不增甚至下降，最终也会影响身高的增长和身体其他各个系统的功能，如免疫功能、内分泌功能、神经调节功能等。而且孩子年龄越小，受营养的影响越大。

疾病 疾病对孩子生长发育的影响也非常明显，急性感染常常使体重不增加或者减轻，慢性感染则同时影响体重和身高的增长。内分泌疾病(如甲状腺功能减退症)对生长发育的影响尤为突出，常能引起骨骼生长和神经系统发育迟缓。先天性疾病(如先天愚型)对孩子体格发育和智力发育都会产生明显的影响。

睡眠 孩子入睡后，脑垂体的前叶就能分泌出一种生长激素。如果睡眠不足，生长激素就可能受阻，形成精神性侏儒症。

亲子小游戏

玩铁筒

1.用空铁皮筒，内装石子、棋子、扣子等物，让孩子爬着滚动。

2.或边爬边推玩具汽车、坦克车，同样达到爬的目的，如有响声更会引起孩子的兴趣，可坚持爬行时间长一些。

3.开始大人要把铁筒滚到孩子面前，孩子就学着滚开了，推车也是如此，大人先教一遍。

目的：帮助宝宝练习爬行，锻炼宝宝肢体的协调性。

第353~354天 从睡眠状态看宝宝健康(1)

看着宝宝甜甜地入睡，听着宝宝均匀而有节奏地呼吸，这时，妈妈的心也可以泊到一个宁静的港湾。然而，你知道吗？婴儿在睡眠中出现的一些异常现象，往往是在向家长报告他将要或已经患了某些疾病，因此，父母应学会在婴儿睡觉时观察他的健康状况。

正常的婴儿在睡眠时比较安静舒坦，呼吸均匀而没有声响，有时小脸蛋上会出现一些有趣的表情。但是如果婴儿有以下状况出现，父母应该高度重视。

症状一：婴儿在刚入睡时或即将醒时满头大汗

专家提醒 可以说大多数婴儿夜间出汗都是正常的。但如果大汗淋漓，并伴有其他不适的表现，就要注意观察，加强护理，必要时去医院检查治疗。比如婴儿伴有四方头、出牙晚、囟门关闭太迟等征象，就有可能是患了佝偻病。

症状二：婴儿夜间睡觉前烦躁，入睡后全身干涩，面颊发红，呼吸急促，脉搏增快，超过110次/分

专家提醒 这预示着婴儿即将发烧。应该注意婴儿是否有感冒症状或腹泻症状，另外注意补充水分。如果婴儿出现发烧症状，应采取酒精擦拭等物理降温方式。

症状三：婴儿睡眠时哭闹，时常摇头、抓耳，有时还发烧

专家提醒 婴儿可能是患了外耳道炎、湿疹或是中耳炎。应该及时检查婴儿的耳道有无红肿现象，皮肤是否有红点出现。如果有的话，须及时将婴儿送医院诊治。

症状四：婴儿睡觉时四肢抖动

专家提醒 这一般是白天过度疲劳所引起的，不必担心。需要注意的是，婴儿睡觉时听到较大响声而抖动是正常反应；相反，若是毫无反应，而且平日爱睡觉，则当心可能是耳聋。

症状五：婴儿睡觉后嘴不断地咀嚼

专家提醒 婴儿可能是得了蛔虫病，或是白天吃得太多，消化不良。可以去医院检查一下，若是蛔虫病可用婴儿专用的驱虫药驱除；若是排除了蛔虫病，则应该合理安排婴儿的饮食。

第355~356天 从睡眠状态看宝宝健康(2)

症状六：婴儿睡着后手指或脚趾抽动且肿胀

专家提醒 这时父母要仔细检查一下婴儿的手指，看它是否被头发或其他纤维丝缠住，或被蚊虫叮咬的痕迹。

症状七：婴儿不能睡得沉，经常翻动身体

专家提醒 其实小宝宝入睡后在床上翻滚的现象较为常见。有时被子垫得不舒服或被子太厚等都会影响婴儿的睡眠质量。有些家长怕小儿睡觉时冷，让他穿着衣服睡觉，小儿感到不适，于是翻来滚去。有的家长总是担心小儿吃不饱，晚上睡前还让他吃很多的东西，使得小儿睡觉后肚子总是胀得难受，所以睡觉睡不踏实。

症状八：婴儿经常在睡着后突然大声啼哭

专家提醒 这在医学上称为婴儿夜间惊恐症。如果孩子没有疾病，一般是由于白天受到不良刺激，如惊恐、劳累等引起的。所以平时不要吓唬孩子，保持孩子安静愉快的情绪。

总之，婴儿仍处于不能表达自己喜恶的时期，家长除给他安排好足够的睡眠时间外，应当在婴儿睡觉时多观察他的异常变化防止延误病情。8～9个月的婴儿白天一般睡2～3次，持续时间2～6小时，夜间睡10个小时，共计14～15个小时。睡眠时间过少，影响婴儿身体发育；睡眠时间过长，影响活动时间，使婴儿智力发展延缓。

第357~358天 带宝宝外出的必备用品

宝宝长大了，可以带出门玩耍了。带宝宝出门一定要做好充足的准备。以下总结了一些带宝宝外出必备的物品和需要注意的事项，希望可以帮到各位家长。

外出的注意事项

这个月龄的宝宝，如果天气好，一定要每天安排宝宝在户外2小时以上的活动时间。另外，如果碰上了春节或其他假日，带宝宝外出，就一定要注意安全，下面我们就从衣、食两方面给爸妈们提一些建议。

宝宝外出衣着 宝宝该穿多少衣服，应该以宝宝的个人状况而定，保持手心温热的同时又不流汗才是较合适的穿着。

带上宝宝的食物 这个时期的宝宝大部分已经断奶，或是正在断奶，外出时可以带上宝宝平常爱吃的辅食、塑料勺子、无糖面包干、围兜、带吸管的口杯等。如果担心宝宝在外哭闹严重，记得携带安抚奶嘴；如果宝宝正在长牙齿，准备些婴儿专用饼干给宝宝吃，可以让他的身心都有满足感。

外出必备的物品

带宝宝外出前，要给宝宝购置一些服装、鞋帽、护肤用品以及适合这个月龄宝宝的玩具等。这里介绍一下夏季要给宝宝准备的物品。

防晒霜 防晒霜对宝宝的肌肤可以起到温和而有效的防晒保护作用。选择时，要选用儿童专用的防晒润肤露，且一定不要含有机化学剂，防晒能力达到15～30倍即可。

遮阳伞 遮阳伞可以防止紫外线对宝宝造成伤害。选择时，要选择外层有类似金属涂层的遮阳伞。

亲子小游戏

画图和写字

1.在半张纸上，将各种图画贴成一列。

2.在图画底下写上文字。

3.妈妈一边看着图片，一边跟宝宝说图中事物的名称。

目的：提高宝宝语言和认知能力。

育儿箴言

孩子天生就能改进他们的行为，而且他们也喜欢这样。心理学家说，孩子必须游戏，因为借着游戏，孩子的发展才能更趋完善。

第359~360天

第12个月智能发育测试

分类	项目	测评方法	通过标准
大动作	独走几步	让宝宝独站，鼓励他在父母之间独自走2～3步	能独走2～3步
精细动作	用蜡笔在纸上戳出点	示范用蜡笔在纸上戳出点或画道道	能用手握蜡笔在纸上戳出点或画道道
认知能力	搭积木1～2块	示范将1～2块方积木搭在同样的积木上	会搭1～2块积木不倒
	会盖瓶盖	将瓶盖盖在瓶上，鼓励宝宝盖（瓶盖反放在桌上）	会将瓶盖翻正后盖在瓶口上，不必拧紧
	拉双绳取物	用120厘米长的绳子穿过一个杯把手，绳子两端放在桌上宝宝能够得着的地方，鼓励宝宝将杯子拿过来	知道同时抓住绳子的两头，将杯子拉过来
	竖起食指表示自己1岁	问宝宝“几岁了”，要求竖起食指回答	会竖起食指表示自己1岁
言语	说2～3个字，如“要、走、拿”等	观察宝宝有意识地说话的情况	有意识说出2～3个以上的单字，“爸、妈”除外
情绪与社会行为	要东西知道给	向宝宝要其手中的玩具或食物	理解语言知道将大人要的东西给出
	要点头、摇头表示同意或不同意	观察宝宝表示同意或不同意时的动作	会用点头表示同意。要摇头表示不同意

说明：以上智能发育测试是本阶段宝宝的平均水平。由于宝宝成长发育存在个体差异性，所以，如果您的宝宝某些项目没有达到要求，请不用担心，您只需在以后多加关注和训练即可。